D. H. Tandel
Chandralekha Vahia
R. C. Patel

Prevalência, avaliação de perdas e manejo da podridão apical da manga

D. H. Tandel
Chandralekha Vahia
R. C. Patel

Prevalência, avaliação de perdas e manejo da podridão apical da manga

Prevalência, avaliação de perdas e manejo da podridão apical do caule da manga (mangifera indica l.)

ScienciaScripts

Imprint
Any brand names and product names mentioned in this book are subject to trademark, brand or patent protection and are trademarks or registered trademarks of their respective holders. The use of brand names, product names, common names, trade names, product descriptions etc. even without a particular marking in this work is in no way to be construed to mean that such names may be regarded as unrestricted in respect of trademark and brand protection legislation and could thus be used by anyone.

Cover image: www.ingimage.com

This book is a translation from the original published under ISBN 978-620-7-46182-0.

Publisher:
Sciencia Scripts
is a trademark of
Dodo Books Indian Ocean Ltd. and OmniScriptum S.R.L publishing group

120 High Road, East Finchley, London, N2 9ED, United Kingdom
Str. Armeneasca 28/1, office 1, Chisinau MD-2012, Republic of Moldova, Europe
Printed at: see last page
ISBN: 978-620-7-62696-0

RESUMO

A presente investigação sobre **"PREVALÊNCIA, AVALIAÇÃO DE PERDAS E GESTÃO DA DOENÇA DA RAIZ DA EXTREMIDADE DO CAULE DA MANGA** (*Mangifera indica* **L.**) foi realizada no Departamento de Fitopatologia, N. M. College of Agriculture, Navsari Agricultural University, Navsari (Gujarat) durante o ano de 2020-2021.

A manga é considerada um dos frutos mais populares entre milhões de pessoas e é conhecida como o rei dos frutos indianos. É uma das culturas de frutos tropicais comercialmente importantes e está a sofrer um grande número de perdas pós-colheita devido a diferentes doenças fúngicas pós-colheita. Entre elas, a doença da podridão da extremidade do caule é de importância primordial, reduzindo a qualidade e a quantidade de frutos comercializáveis, o que provoca grandes perdas tanto para o vendedor como para o consumidor.

A presente investigação foi levada a cabo com o levantamento, o isolamento do agente responsável pela podridão do caule, a sua patogenicidade, sintomatologia, caracteres morfológicos, culturais e alterações bioquímicas que ocorrem devido ao fungo, a fim de sugerir medidas de controlo adequadas no que diz respeito ao tratamento pré-colheita com KCl e produtos botânicos no controlo da podridão do caule da manga.

A prevalência e o estudo das doenças pós-colheita, *nomeadamente a podridão peduncular* da variedade kesar, foram investigados ao nível dos grossistas em seis mercados diferentes do distrito de Navsari e, de entre as mangas inspeccionadas, a incidência média percentual da doença foi de 22,81% para a podridão peduncular, tendo-se observado que a extensão das perdas devidas à podridão peduncular foi mais elevada no mês de maio-junho. Entre os diferentes mercados inspeccionados, o PDI máximo foi registado no mercado APMC de Chikhali (28,12%), seguido do mercado APMC de Amalsad (26,87%) e o PDI mínimo foi registado em Khergam (16,87%).

As culturas fúngicas foram isoladas dos frutos doentes e submetidas a inoculação em frutos saudáveis para comprovar a patogenicidade e o diagnóstico revelou que o agente mais comum da podridão peduncular no âmbito da presente investigação foi confirmado como *Botrydiplodia theobromae* (sinónimo de *Lasiodiplodia theobromae).*

Foi feita uma tentativa para descobrir o efeito da aplicação de KCl antes da colheita no controlo do desenvolvimento da doença da podridão da extremidade do caule em frutos maduros. Os resultados revelaram que a incidência percentual da doença foi significativamente mínima no tratamento com 2 gl^{-1} KCl (28,78%), seguido pelo tratamento com 0,5 gl^{-1} KCl (43,07%) e a maior incidência foi encontrada no controlo II e 1,0 gl^{-1} KCl (68,86%). Verificou-se uma diminuição do açúcar redutor, do açúcar não redutor, do açúcar total, do teor de fenóis e da acidez titulável na variedade kesar de manga quando a infeção da podridão da extremidade do caule da manga causada por *B. theobromae*. Entre todos os parâmetros, a maior redução foi registada no teor de fenol, seguida da acidez titulável e a menor redução foi observada no açúcar não redutor.

Foi avaliada uma experiência laboratorial para conhecer a eficácia de diferentes produtos botânicos no prolongamento da vida pós-colheita dos frutos de manga e na supressão da doença da podridão da extremidade do caule dos frutos de manga cv. kesar. Os resultados revelaram que os frutos mantidos em folhas de nim contendo uma caixa de cartão se revelaram significativamente mais eficazes e a incidência da doença foi registada em 39,23%, seguida de folhas de lantana, que é de 43,07%, e a incidência da doença foi mais elevada no controlo, que é de 63,43%. O prazo de validade dos frutos tratados com folhas de nim foi de 13,33 dias, seguido de lantana, que é de 12,33 dias, em comparação com o controlo (7 dias).

Assim, a partir dos estudos de gestão, é óbvio que os frutos tratados com 2,0 gl^{-1} KCl e os frutos tratados com folhas de nim foram considerados mais eficazes para a gestão da podridão da extremidade do caule na variedade kesar de manga.

Índice

LISTA DE SÍMBOLOS E ABREVIATURAS

SYMBOLS		
&	:	And
°C	:	Degree Celsius
±	:	Plus/minus
%	:	Per cent age
/	:	Per

ABBREVIATIONS		
µm	:	Micrometre
CD	:	Critical difference
CRD	:	Completely Randomised Design
CV	:	Coefficient of variation
et.al	:	et allii and others
Etc	:	et cetera
gl^{-1}	:	Gram per litter
i.e.	:	Id est, that is
mg	:	Milligram
mgl^{-1}	:	Milligram per millilitre
No.	:	Number
PDA	:	Potato dextrose agar
PDI	:	Per cent disease incidence
RBD	:	Randomized Block Design
Sem	:	Standard error of mean
SER	:	Stem end rot
sp	:	Species (singular)
viz;	:	Vide licet; namely

CAPÍTULO 1 : INTRODUÇÃO

A manga (*Mangifera.indica* L.) é indiscutivelmente um dos frutos tropicais mais antigos e preferidos do mundo e é justamente designada como o "rei" de todos os frutos. A manga *(M.indica* L.) pertence à família Ancardiaceae e é cultivada em quase todos os estados da Índia. O nome "manga" deriva da palavra tâmil "Mangkay". As mangas são originárias do nordeste da Índia, da Birmânia e das ilhas Andamão e da baía de Bengala. Mais tarde, espalharam-se pelo resto da Ásia por si próprias e com a ajuda do homem. Tem sido cultivada, elogiada e venerada desde a antiguidade. É um dos frutos asiáticos mais importantes e populares.

A manga *(M.indica* L.) é um dos frutos tropicais mais conhecidos e consumidos em todo o mundo devido ao seu sabor delicioso e ao elevado teor de determinados nutrientes, como as vitaminas A, B, C e a fibra (Kodituwakku, 2019). As vitaminas A e C são nutrientes antioxidantes importantes. A vitamina C promove uma função imunitária saudável e a formação de colagénio. A vitamina A é importante para a visão e o crescimento ósseo. O fruto contém cerca de 81,00 por cento de humidade, 0,40 por cento de gordura, 0,60 por cento de proteínas, 0,80 por cento de fibras. Também contém cerca de 17,00 por cento de hidratos de carbono. O fruto é rico em minerais importantes como o potássio, o magnésio, o sódio, o fósforo e o enxofre.

Os principais países produtores de manga no mundo são a Índia, a China, a Tailândia, o México, a Indonésia e o Paquistão (FAOSTAT, 2017). A Índia é o segundo maior produtor de frutas do mundo e ocupa a primeira posição na produção de manga. Na Índia, é cultivada principalmente em Uttar Pradesh, Andhra Pradesh, Bihar, Orissa, Karnataka, Tamil Nadu, Gujarat, Kerala, Madhya Pradesh, Maharashtra e Bengala Ocidental (Anónimo, 2013).

De acordo com a segunda estimativa antecipada do Conselho Nacional de Horticultura 2017-18, a manga está a crescer numa área de 2258 mil hectares e produz 21822 mil toneladas na Índia. Entre os estados da Índia, Gujarat é um dos principais estados produtores de manga, ocupando uma área de 162,77 ha de cultivo de manga com uma produção de 1207,78 M.T (Anonymous, 2018) em 2017-2018. A parte da manga na produção total de frutos de Gujarat é de 15,90 por cento. Gujarat contribui com 6,70 por cento da produção total de manga indiana.

O sul de Gujarat está a emergir como outro centro de culturas hortícolas na Índia ocidental, como o demonstra o aumento da área e da produção a partir de 2002. Esta região do estado de Gujarat é uma das maiores zonas de cultivo de manga do país, com frutos de qualidade e exportação de manga. Nesta região, cerca de 75 000 ha de superfície são cultivados com frutos que produzem mais de 287 000 lakh MT de manga, o que representa 28,59% da produção estatal. No sul de Gujarat, as principais zonas de cultivo de manga são Navsari e Valsad. As principais variedades de manga no Sul de Gujarat são a Kesar, a Alphanso e a Rajapuri, sendo as mais famosas e destinadas à exportação a "Kesar" e a "Alphanso".

A Índia oferece cerca de 200 variedades de manga, das quais as mais populares são a Alphanso, a Kesar, a Langra, a Dasehri, a Neelam e a Amrapali. Todas estas variedades foram introduzidas nos últimos cinquenta anos e, infelizmente, depois disso, não se conheceu nenhuma variedade popular. Segundo consta, as perdas totais de manga fresca são de 25-40% na Índia e a deterioração microbiana é responsável por 17,00 - 26,90% das perdas totais pós-colheita nos países asiáticos (Prabhakar *et al.*, 2005). Estima-se que o total das perdas pós-colheita de frutos e produtos hortícolas seja de cerca de 30,00 por cento, o que corresponde a mais de 13,6 milhões de rupias por ano, apenas no Sul de Gujarat.

Sendo um fruto climatérico, é geralmente colhido na fase verde madura e amadurece durante as operações de manuseamento pós-colheita, como o transporte, o armazenamento, *etc*. A manga é um produto com elevado teor de humidade e de reservas de nutrientes, pelo que é altamente perecível e suscetível a várias doenças pós-colheita (Haggag, 2010; Dodd *et al.*, 1997).

Verifica-se também que a maioria das variedades na Índia se tornou suscetível a doenças pós-colheita. As doenças pós-colheita da manga minimizam a qualidade da fruta e causam perdas. Na maioria dos casos, os frutos manchados não cumprem as normas exigidas, pelo que causam perdas económicas nos mercados internacionais (Diedhiou, 2007). A suscetibilidade da manga a doenças pós-colheita aumenta durante o armazenamento como resultado de alterações fisiológicas e senescência que favorecem o desenvolvimento de agentes patogénicos (Prusky, 1996).

Na Índia, a perda pós-colheita de manga é de cerca de 17,00-36,00 por cento, podendo ocorrer em qualquer altura desde a colheita até ao consumo da manga. Na indústria frutícola indiana, a perda pós-colheita é de cerca de 20 a 25 por cento devido à ocorrência de doenças pós-colheita. Algumas doenças pós-colheita comuns que causam agentes patogénicos nos frutos são *Colletrotrichum, Botrydiplodia, Phomopsis, Alternaria, Aspergillus, Botrytis, Fusarium, Penicillium, etc. As* principais doenças pós-colheita da manga na Índia são a antracnose, a podridão da extremidade do caule, a podridão negra e a podridão mole, sendo a podridão da extremidade do caule a doença mais grave a nível mundial e que causa grandes perdas aos frutos da manga.

Os agentes patogénicos causadores da podridão peduncular penetram no caule através de aberturas e feridas naturais, principalmente durante as fases de inflorescência e floração. Estes agentes patogénicos vivem endofiticamente, principalmente no floema, mas também no xilema, e existem de forma assintomática no tecido do caule até ao amadurecimento do fruto. Os frutos verdes são resistentes ao apodrecimento da extremidade do caule. Esta resistência é comprometida quando se inicia o amadurecimento dos frutos durante o seu armazenamento. Durante o amadurecimento, os frutos sofrem alterações bioquímicas e fisiológicas dramáticas, incluindo a emissão de etileno em frutos climatéricos e outras alterações de fito-hormonas, acumulação de açúcar solúvel, afrouxamento da parede celular, diminuição dos níveis de fitoanticipina e fitoalexina, declínio dos mecanismos de defesa vegetal induzíveis e alterações no pH ambiente do hospedeiro (Galsurker, 2018).

É provável que os agentes patogénicos endofíticos sintam as alterações durante o amadurecimento do fruto e respondam a elas passando de um estilo de vida endofítico e assintomático, denominado "quiescente" ou "latente", para uma fase necrotrófica agressiva, causando a podridão peduncular. Estas alterações fisiológicas modificam o ambiente do microrganismo endofítico no fruto e, consequentemente, influenciam a suscetibilidade do fruto à podridão peduncular. Foi encontrada uma correlação positiva entre a duração do tempo de amadurecimento e a gravidade de várias doenças pós-colheita, incluindo a podridão peduncular, em frutos de manga. De facto, os frutos que amadurecem mais rapidamente têm menos podridão peduncular do que os frutos que amadurecem mais lentamente e, por conseguinte, o tempo de amadurecimento mais longo na manga aumenta o tempo disponível para a colonização fúngica e a oportunidade para o desenvolvimento de sintomas de podridão peduncular. (Galsurker, 2018).

Os agentes patogénicos da podridão da extremidade do caule da mangueira *(M.indica* L), *(Dothiorella dominicana, Dothiorella mangiferae, Lasiodiplodia theobromae* (Syn. *Diplodia natalensis, Phomopsis mangiferae, Cytosphaera mangiferae, Pestalotiopsis* sp. e *Dothiorella* 'long'), bem como outros fungos (incluindo *Alternaria alternata*), foram encontrados endofiticamente no tecido do caule das mangueiras antes da emergência da inflorescência e também se notou que *C. gloeosporioides,* o agente patogénico da antracnose, também é capaz de produzir sintomas na extremidade do caule do fruto. Os frutos maduros de manga apresentam sintomas variáveis de podridão da extremidade do caule, visto que vários agentes patogénicos podem causar esta doença. (Johnson *et al.,* 1992, Johnson, 2008).

Um sintoma comum da doença causada por Dothiorella *(Neofusicoccum)* spp. e *L. theobromae* é a rápida decomposição do fruto, que se acelera a partir do pedicelo durante a maturação do fruto e prossegue para a polpa do fruto, afectando uma grande área através de necrose aquosa que, na maioria dos casos, resulta na decomposição total do fruto. Os sintomas começam por aparecer como lesões difusas, embebidas em água, que emergem da extremidade do pedúnculo e rapidamente adquirem uma cor escura. A infeção espalha-se por toda a superfície do fruto no prazo de 7 dias após o armazenamento a 25° C. A podridão mole começa nos frutos, que são de cor castanha (Johnson *et al.,* 1989).

A qualidade da fruta tem de ser melhorada para satisfazer o desejo de enviar com sucesso a manga para mercados distantes. Nos últimos anos, tem havido um aumento de relatos deste agente patogénico, causando grandes perdas à indústria frutícola no Brasil, na China, no Peru e na Índia. Na Índia, a gestão pós-colheita é um dos principais desafios enfrentados pelo sector da manga e causou cerca de 20 a 25% de perdas devido a doenças pós-colheita. A perda de colheitas pode dever-se ao resultado de uma doença fúngica, enquanto as doenças pós-colheita conduzem a perdas de exportação (Prakash, 2004).

A gestão das doenças pós-colheita tem como objetivo preservar a qualidade dos frutos sem doenças até ao consumo. Assim, as abordagens de gestão têm por objetivo prevenir, suprimir ou atrasar os sintomas das doenças durante o armazenamento. A gestão das doenças pós-colheita em geral e do apodrecimento da extremidade do caule em particular; o controlo das doenças pode ser conseguido através da combinação da aplicação de fungicidas antes e depois da colheita. Devido à crescente preocupação com a toxicidade residual resultante da utilização generalizada de fungicidas sintéticos e da proliferação de resistência nos agentes patogénicos, a atenção centrou-se nas substâncias naturais (Alemu *et al.*, 2014). Estas incluem a utilização de extrato de plantas devido ao seu efeito antifúngico no crescimento e desenvolvimento da doença pós-colheita da manga. Tandel (2017) observou uma vida útil mais longa (11,33 dias) no extrato de folhas de nim em comparação com o controlo (7,00 dias).

Recentemente, a doença também pode ser controlada através da indução de resistência do hospedeiro e da ativação do mecanismo de defesa em plantas (especialmente plantas herbáceas) e produtos frescos colhidos (Johnson e Hofman, 2009). A aplicação de KCL antes da colheita revelou-se eficaz no controlo da doença da podridão da extremidade do caule da manga (Nisansala *et al.*, 2015).

No contexto dos factos acima referidos, a presente investigação foi levada a cabo para descobrir tácticas de gestão adequadas para minimizar as perdas pós-colheita e, em última análise, os agricultores são beneficiados pela utilização do remédio.

Objectivos:

1. Conhecer a situação atual da podridão peduncular da manga
2. Avaliar as perdas devidas à podridão da extremidade do caule na manga
3. Conhecer a presença de agentes patogénicos da podridão da extremidade do caule nos frutos da manga
4. Conhecer as alterações bioquímicas nos frutos da mangueira devido à doença da podridão da extremidade do caule
5. Descobrir uma tática de gestão da podridão peduncular da mangueira que seja favorável aos produtores

O presente inquérito será efectuado sobre os seguintes aspectos

1. Estudo da doença da podridão peduncular da manga a nível do mercado
2. Isolamento, identificação, confirmação e caraterização de um agente causador da podridão peduncular da manga
3. Efeito do tratamento pré-colheita com KCl no desenvolvimento da doença da

podridão da extremidade do caule da manga

4. Estudos sobre as alterações bioquímicas devidas à podridão peduncular da manga

5. Gestão ecológica da podridão peduncular da manga

CAPÍTULO 2 : REVISÃO DA LITERATURA

As doenças pós-colheita dos frutos de manga são a causa mais grave de perda de produção. Os frutos de manga são susceptíveis a várias doenças em todas as fases de desenvolvimento, desde a fase de plântula até ao desenvolvimento dos frutos. Estas doenças pós-colheita não só causam uma perda na produção de mangas, como também deterioram a qualidade dos frutos e tornam-nos impróprios para consumo. Para evitar estas perdas pós-colheita, o manuseamento dos frutos de manga é o passo mais importante. O estudo destas doenças pós-colheita e a sua prevenção no canal de comercialização contribuem de forma notável para aumentar a produção de mangas, reduzindo as perdas pós-colheita. Na Índia, as principais doenças pós-colheita da manga são a antracnose, a podridão da extremidade do caule, a podridão negra e a podridão mole. Entre elas, a podridão do caule é a doença mais grave, seguida da antracnose e, em zonas secas, a podridão do caule é a principal doença pós-colheita e infecta antes e depois da colheita. A qualidade dos frutos deve ser melhorada para que a expedição de mangas para mercados distantes seja bem sucedida. A gestão dos frutos de manga pós-colheita é um dos maiores desafios enfrentados pelo sector da manga.

Na presente investigação, foi feito um esforço para identificar as diferentes doenças fúngicas pós-colheita presentes no canal de comercialização após a colheita e para aplicar um método sustentável de manuseamento dos frutos de manga colhidos para prevenir a doença pós-colheita e para descobrir práticas de gestão adequadas para minimizar a perda pós-colheita e melhorar a qualidade dos frutos de manga para fins de exportação e, finalmente, os agricultores acabam por beneficiar da utilização do remédio. A informação disponível sobre as doenças pós-colheita da manga é analisada e apresentada aqui.

2.1. ESTUDO DA PODRIDÃO DA EXTREMIDADE DA HASTE A NÍVEL DO MERCADO

Aruaz *et al.* (1994) revelaram que a incidência da antracnose da manga era de 64,60%, 7,20% para a podridão da extremidade do caule e 5,20% para a podridão por aspergillus em frutos de manga no mercado grossista da Costa Rica.

Jadeja e Vaishnav (2000) realizaram um inquérito no mercado de Junagadh e mostraram que a incidência máxima de podridão da extremidade do caule era de 5,20%, seguida de 4,00% de podridão por aspergillus, podridão por rhizopus, podridão por macrophomina e podridão por colletotrichum, que eram de 0,45, 0,15 e 0,10%, respetivamente. Na unidade de transformação de alimentos, verificou-se uma incidência máxima de podridão da extremidade do caule, que é de 22,60%, seguida da podridão por Aspergillus, com 6,95%, e a incidência das restantes podridões foi baixa e inferior a 1%.

Elliott e Patterson (2000) registaram a incidência de podridão da extremidade do caule da manga (34,80%) causada por *B. theobromae*. Deng Zenim *et al.* (2000) verificaram uma incidência de 10 a 30 por cento de podridão do final do caule da manga durante o transporte na província de Hainana, na China.

Prabakar *et al.* (2005) observaram que a deterioração fúngica pós-colheita era mais elevada no mercado retalhista do que noutras fases de comercialização. A perda total de manga por diferentes agentes patogénicos no mercado retalhista foi de 31,20 a 51,70 por cento, dos quais a antracnose representou 17,00 a 31,80 por cento, a podridão da extremidade do caule 10,80 a 13,10 por cento, a infeção mista 3,70 a 8,00 por cento e a podridão por aspergillus e rhizopus em conjunto representou 0,60 a 0,90 por cento de perda. A perda total foi registada como sendo de 2,30 a 3,60 por cento, em que a antracnose contribuiu com 0,30 a 1,00 por cento, a podridão da extremidade do caule com 0,90 a 1,50 por cento e *A. niger* e *R. arrhizus juntos foram responsáveis* por 0,70 a 0,80 por cento de perda. Entre as treze variedades estudadas, a variedade Neelam apresentou maior deterioração devido à antracnose ao nível do consumidor (17,30 a 21,00%) e do retalhista (31,80 a 41,30%), enquanto a variedade Shenduram registou 12,50 a 14,50% ao nível do consumidor e 19,60 a 27,30% no mercado retalhista.

Patel (2006) revelou que a incidência mais elevada de 5,39 por cento foi observada para a podridão da extremidade do caule da manga, seguida de 3,64 por cento de podridão por Aspergillus. A incidência máxima de rhizopus rot, macrophomina rot e colletotrichum rot foi de 0,51, 0,21 e 0,18 por cento, respetivamente.

Diedhiou *et al.* (2007) efectuaram um estudo para detetar os fungos envolvidos na podridão pós-colheita de mangas (cv. Kent) produzidas na zona de Niayes, no Senegal, em relação às práticas de produção e às condições climáticas. Foi efectuado um inquérito através de um procedimento de amostragem estratificada com dois níveis. Os resultados mostram que as espécies mais vastas de fungos, incluindo *Alternaria* sp., *B. theobromae,*

Dothiorella sp.; *A. niger* e fungos não identificados, foram responsáveis pelo apodrecimento da manga. Os frutos colhidos durante a estação húmida, no entanto, foram mais fortemente infestados, mas um número menor de agentes fúngicos estava envolvido; *C. gloeosporioides* e, secundariamente, *Phoma mangiferae* desempenharam o papel principal. Nazin *et al.* (2007) realizaram um estudo de mercado a nível de grossistas e retalhistas nos cinco principais distritos de cultivo do Bangladesh e referiram que, de entre os frutos de manga inspeccionados, a infeção média dos frutos era de 11,92% e de 9,10% para a podridão da extremidade do caule e a antracnose.

Murthy *et al.* (2009) realizaram um estudo no Instituto Indiano de Investigação em Horticultura (IIHR), Bangalore - 560 089 (Karnataka), e referiram que as perdas pós-colheita atingiam 31,00 por cento devido a doenças fúngicas ao nível dos retalhistas. Rathod (2010) realizou um estudo de mercado nas regiões de Marathwada, no estado de Maharashtra, e referiu que a manga estava frequentemente infetada por doenças fúngicas como a antracnose, a podridão por alternaria, a podridão por aspergillus niger, a podridão por bolor azul, a podridão por botryodiplodia, a podridão por rhizopus e a podridão por phomopsis.

Hamd *et al.* (2013) efectuaram um inquérito em cinco mercados locais do Punjab e constataram que a antracnose e a podridão da extremidade do caule eram 100% prevalecentes nas mangas de todos os mercados das cinco localidades, enquanto a podridão por alternaria e a podridão por aspergillus estavam ausentes nas mangas dos mercados de Rawalpindi e Faisalabad e eram menos prevalecentes (80%). Em Multan, a gravidade da antracnose, da podridão da extremidade do caule, da podridão por alternaria e da podridão por aspergillus variou numa escala de 1 a 5, enquanto em Shujabad a alternaria também variou numa escala de 1 a 5. A incidência de antracnose (63,33%) em Faisalabad foi elevada em comparação com a podridão da extremidade do caule (30,00%) e a podridão por aspergillus (16,66%) em Rawalpindi e a podridão por alternaria (23,33%) em Multan. O índice percentual de doença da antracnose (12,60%) foi alto em Faisalabad, seguido por Rawalpindi, Multan e Shujabad. O índice percentual de doença da podridão da extremidade do caule (6,00%) foi alto em Rawalpindi e baixo em Shujabad. O índice percentual de doença da podridão de alternaria (5,33%) foi alto em Multan e ausente em Rawalpindi. A podridão por Aspergillus (3,33%) foi elevada em Rawalpindi e ausente em Faisalabad. Iram *et al.* (2014) realizaram um inquérito em pomares e no mercado interno de Punjab e Sindh. Durante o inquérito, verificou-se que a antracnose e a podridão da extremidade do caule eram doenças 100% prevalecentes nos frutos de manga de todos os mercados, enquanto a mancha fuliginosa e a dendrítica estavam ausentes em todos os locais.

Sharma (2014) efectuou um estudo sobre pomares e mercados durante três anos consecutivos, de 2010 a 2012, em cinco distritos proeminentes de cultivo de manga no Oeste de Uttar Pradesh e revela que as doenças fúngicas pós-colheita da manga no Oeste de Uttar Pradesh são a podridão de *Aspergillus*, a antracnose, a podridão negra, a podridão de Fusarium, a mancha negra de Alternaria, a podridão da extremidade do caule, a podridão de Rhizopus e a sarna. *niger, C. gloeosporioides, A. niger, F. equsetti, A. alternata,B. theobromae, R. Stolonifer* e *Alsinoe mangiferae*, respetivamente. Os dados médios relativos à incidência de doenças mostram que duas doenças, a podridão de Aspergillus (3,86%) e a podridão negra (3,50%), são doenças severamente disseminadas no Uttar Pradesh Ocidental a nível pós-colheita, seguidas da antracnose (2,33%), da podridão de Rhizopus (1,70%), da mancha negra de Alternaria (1,66%), da podridão da extremidade do caule (1,34%) e da podridão de Fusarium (1,34%). A sarna, com uma incidência mínima (0,34%), causa perdas insignificantes. No entanto, a incidência cumulativa de todas as doenças fúngicas pós-colheita é de 16,07% no total. Gupta e Singh (2017) relataram que a podridão da extremidade do caule era 100% prevalente na manga de todos os mercados e a incidência da podridão da extremidade do caule foi maior no mercado de Kicha (35,00%) e a gravidade da doença foi maior no mercado de Haldwani (20,00%).

Tandel (2017) constatou que a podridão da extremidade do caule era mais elevada ao nível do campo e do retalhista (18,13%), seguida do nível do grossista (17,50%). Chakrasali *et al.* (2018) revelaram que a podridão da extremidade do caule foi 100% prevalente em todos os mercados e mostrou PDI (8,85%) e, entre a pesquisa distrital, o PDI máximo (9,40%) foi registado em Dharwad, seguido de Gadag (9,27%) e o menor PDI foi registado em Hubbali (7,80%).

Al- Najada (2018) realizou uma pesquisa para investigar os fungos associados à deterioração de mangas e frutos de tomate, obtidos em mercados da Arábia Saudita. Foi recolhido um total de 200 amostras mistas de manga e tomate. Os fungos isolados e identificados a partir das mangas estragadas foram: *A. niger*, *A. flavus*, *Alternaría* spp, *Rhizopus* sp, *Penicillium* sp, *Botryodiplodia* e *Phomopsis* sp. Savita *et al.* (2018) realizaram um inquérito no mercado dos distritos de Dharwad, Hubballi, Gadag e Ankola, em Karnataka, e revelaram que, entre as doenças pós-colheita da manga, a antracnose apresentou um IDP máximo (14,25%), seguido da podridão da extremidade do caule (8,85) e a podridão por alternaria apresentou um IDP mínimo (5,10). Entre os distritos estudados, a IDP máxima (10,98%) foi registada em Dharwad, seguida de Hubballi (9,01%) e a IDP mínima (6,53%) foi registada em Ankola.

2.2 ISOLAMENTO, IDENTIFICAÇÃO, CONFIRMAÇÃO E CARACTERIZAÇÃO DE UM AGENTE CAUSADOR DA PODRIDÃO PEDUNCULAR DA MANGA

2.2.1 Isolamento

O isolamento dos fungos alvo depende de vários factores, tais como o método de esterilização, o meio de cultura do agente patogénico, as condições de incubação e, mais importante ainda, a natureza do tecido hospedeiro doente. Para o plaqueamento e isolamento do fungo-alvo, utiliza-se uma amostra de planta doente com sintomas típicos de doença ou sinais do agente patogénico em estudo. Logo após a esterilização ou antes do plaqueamento da amostra esterilizada à superfície, recomenda-se a secagem sob um fluxo de ar filtrado, frequentemente numa campânula estéril ou em papel de tecido estéril (Waller *et al.*, 2002).

2.2.2 Identificação e caraterização

Mascarenhas *et al.* (1996) observaram que *B.theobromae* forma os seus esporos endogenamente dentro dos picnídios. O agente patogénico exclui um pigmento rosa a temperaturas superiores a 33°C e preto acinzentado a 28°C. (Meah *et al.*, 1991) Os conidióforos são raramente ramificados, translúcidos e com septações, os conídios maduros são septados e castanhos escuros.

Dambhla (2001) estudou as características morfológicas e culturais de *B.theobromae* e revelou que, inicialmente, o crescimento de uma colónia branca e fofa em PDA. Após 3-4 dias, a cor da colónia mudou para oliváceo a preto escuro. Inicialmente, o micélio era hialino, asseptado, que se tornou septado e castanho com margem castanha escura e os picnídios produzidos após 9-10 dias produziram estroma. Os picnídios eram de cor castanha a preta, subglobosos a globosos, erumpentes, ostiolados e produziam 7-90 picnídios por centímetro quadrado. Os picnidiósporos que escorriam dos picnídios eram inicialmente imaturos, hialinos, de paredes finas, globosos a subglobosos e unicelulares. Mais tarde, os esporos tornam-se bicelulares e castanhos escuros.

Philips (2007) estudou que as colónias de *B. theobromae* eram acinzentadas a cinzento rato a preto, fofas com abundância de micélio aéreo. A cultura madura em PDA tem pigmentação preta e pode desenvolver picnídios e esporulação adicional em PDA, os picnídios podem ser encontrados dispersos, agrupados ou centrados e visíveis. Os picnídios também podem ser encontrados por baixo ou dentro do micélio e podem frequentemente ser cobertos por cerdas. Os conídios maduros podem ter até 5 mm de largura (Pitt e Hocking, 2009).

Ismail *et al.* (2012) as paráfises de *L. theobromae* são septadas, mais curtas e mais estreitas (44×2-3 µm). Conídios inicialmente hialinos, lisos, de paredes espessas, asseptados, obovóides a elipsoides, granulares, em sua maioria um pouco afilados no ápice e arredondados na base, tornando-se marrons, 1 -septados, com estrias longitudinais na superfície interna da parede dos conídios devido aos depósitos de melanina, medindo 23,7×13,3 µm (relação L/W 1,7).

Hui-Fang *et al.* (2012) revelaram que *L. theobromae* produziu inicialmente micélio aéreo branco e fofo que cobriu rapidamente a superfície de placas de Petri em dois dias de incubação. O micélio passou então a cinzento oliváceo pálido em 3-4 dias e produziu picnídios após 7 dias. Quando visualizadas a partir do fundo da placa de Petri, as colónias começaram por ser brancas a cinzentas oliváceas, tornando-se oliváceas escuras após 7-10 dias. Produziu picnídios quando incubado em ágar-água (WA) suplementado com agulhas de pinheiro esterilizadas após 7-14 dias. Os conídios imaturos eram hialinos, asseptados, com a forma de elipsoide a ovoide. Uma vez maduros, tornam-se uniseptados, de paredes espessas, pigmentados de castanho claro com estrias longitudinais. O comprimento médio (L) e a largura (W) de 400 conídios foi de 23,40-27,18 x 12,47-15,08 µm, com uma relação L/W de 1,61-1,98.

Marques *et al.* (2013) estudaram as características morfológicas de *L. theobromae* e revelaram que os conídios em maturação com paredes espessas e estrias longitudinais resultam da deposição de melanina na superfície interna da parede (Punithalingam 1976). Cresceram rapidamente em PDA, cobrindo toda a superfície das placas de Petri em 4 dias. O micélio aéreo era inicialmente branco, tornando-se cinzento-esverdeado escuro ou acinzentado após 4-5 dias a 25°C no escuro. Os conídios são bicelulares e o comprimento e largura médios dos conídios foram de 24,49-27,49×13,30-14,79 μm com uma relação L/W de 1,8. Temperatura óptima para o crescimento micelial de *L. theobromae* (29,9 °C).

Iram *et al.* (2014) estudaram as características morfológicas e culturais de *L.theobromae* e observaram durante o estudo que, inicialmente, a cor da colónia era branca, passando a cinzenta em 2-3 dias e, finalmente, preta na maturação e com uma textura fofa. A presença de picnídios pretos brilhantes também foi observada nas placas de cultura com a maturação, variando a sua localização: alguns estavam centrados, enquanto outros estavam dispersos ou dispostos na periferia e não estavam agrupados. Inicialmente, o micélio era hialino, mas com o tempo tomou a forma de galhos com aparência castanha escura e também se observou septação. Os conídios também eram inicialmente hialinos, sem septação, mas após uma semana ou 10 dias os conídios tornaram-se septados, de cor castanha escura, com paredes um pouco mais espessas e de forma elipsoidal, mais espessas no centro e na parte superior. O tamanho dos conídios variava entre 18-30 μm de comprimento e 13-15,6 μm de largura.

Honger *et al.* (2015) identificou *L. theobromae* com as seguintes características culturais e morfológicas. Os isolados produziram micélio que era inicialmente branco e escureceu à medida que a cultura envelhecia. Os micélios cresceram e preencheram toda a placa de 9 mm em 4 dias. As hifas eram inicialmente hialinas e tornaram-se escuras, e eram septadas. Foram observados dois tipos de conídios, maduros e imaturos. Os conídios imaturos eram hialinos, asseptados, granulares, ovóides e de paredes espessas. Os conídios maduros eram uniseptados, de paredes castanhas e com estrias longitudinais. Estes conídios foram produzidos em picnídios de cor escura.

Alam *et al.* (2017) estudaram o carácter morfológico de *L. theobromae* e observaram que as paráfises eram hialinas, cilíndricas, septadas, ocasionalmente ramificadas e com extremidades arredondadas. As células conidiogénicas eram de paredes finas, lisas, hialinas, cilíndricas e holoblásticas. Os conídios eram amplamente arredondados, de paredes espessas, inicialmente asseptados e hialinos, tornando-se finalmente uniseptados e castanhos escuros, mas apenas quando libertados dos picnídios (Alves *et al.*, 2008). Paráfises hialinas, cilíndricas, septadas, ocasionalmente ramificadas, extremidades arredondadas até 55 µm de comprimento, 3-4 µm de largura. Células conidiogénicas hialinas, de paredes finas, lisas, cilíndricas, holoblásticas, proliferando percurrentemente para formar uma ou duas anelas, ou proliferando ao mesmo nível dando origem a espessamentos periclinais. Conídios subovóides a elipsóides-ovóides, com o ápice amplamente arredondado, afinando para uma base truncada, mais largos no terço médio a superior, de paredes espessas, conteúdo granular, inicialmente hialinos e asseptados, permanecendo hialinos durante muito tempo, tornando-se finalmente castanho-escuros e uniseptados, mas apenas após a descarga dos picnídios, com depósitos de melanina na superfície interna da parede dispostos longitudinalmente, dando um aspeto estriado aos conídios.

Munirah *et al.* (2017) mostra a presença de micélio lanoso abundante e colónias de *L. theobromae* de cinzento oliváceo a cinzento escuro. As colónias eram inicialmente brancas a cinzentas pálidas, tornando-se cinzentas escuras com a idade e com micélios aéreos fofos e pigmento preto no verso da placa. Os picnídios formaram-se com paráfises septadas entre as células conidiogénicas. Inicialmente eram hialinos, de paredes finas e asseptados, de forma cilíndrica a subovóide. Mais tarde, tornaram-se castanho-escuros, formaram um único septo médio e tornaram-se de paredes espessas com estrias longitudinais na superfície interna. Os conídios maduros (20-21,8 × 9,1-10,9 µm) eram ovóides com um ápice largo e arredondado e afilados na base.

Saeed *et al.* (2017) estudaram as características morfológicas de *L. theobromae* e revelaram que os conídios imaturos eram inicialmente hialinos, unicelulares, elipsoides a oblongos, com paredes espessas e conteúdo granular. Observou também que, com a idade, os conídios maduros tornavam-se bicelulares, castanho-escuros, com aspeto longitudinalmente estriado e um tamanho médio de 26,60 µm×12,90 µm. Na maturidade, o tamanho dos conídios é de cerca de 20-30 µm×10-15 µm. Ullah *et al.* (2017) estudou o caráter cultural e morfológico de *L. theobromae* em meio PDA e revelou que o crescimento máximo foi observado a 30 ° C de temperatura e pH-6. Estes resultados são semelhantes aos de (Jacobs e Rehner, 1998); indicando que as temperaturas observadas entre 25-30°C são as mais favoráveis para a maioria dos *Botryodiplodia* sp. que causam o declínio e a morte da manga. A cor da colónia era cinzenta a preta, os picnídios são de cor preta brilhante e forma oblonga ou globosa, e os conídios são castanhos escuros, septados, comprimento dos conídios 18-25μm e largura 11- 15μm. Tandel (2017) revelou que *B. theobromae* produziu uma colónia de cor cinzenta a preta, formada por picnídios brilhantes e pretos, e os conídios têm paredes espessas, são bicelulares e de cor castanha escura. O tamanho dos conídios era de 17,00-29,00×11,00-17,00 μm.

Ekanayake *et al.* (2019) estudaram o carácter morfológico de *L. theobromae* e observaram que cresceu rapidamente em PDA, produzindo micélios cinzentos claros, cotonosos, que se tornaram cinzentos escuros em 2-3 dias. As hifas eram ramificadas, septadas e de cor castanha escura. Após cerca de 20 dias de maturação, foram produzidos picnídios pretos, em forma de frasco, na cultura. Os picnídios continham conidióforos simples e curtos no seu interior. Os conídios imaturos nascidos no interior dos picnídios eram hialinos, mas tornaram-se castanhos escuros na maturidade. Os conídios são ovóides, com duas células e uni-septados. Os conídios atingiram um tamanho de 22 × 12 μm na maturidade.

2.2.3 Patogenicidade (confirmação)

Patel (2006) provou a patogenicidade de *B. theobromae* pelo método da broca de cortiça e mostrou que todos os frutos inoculados com cultura pura de *B. theobromae* apresentaram os sintomas típicos no 3rd dia de inoculação e mostrou que os sintomas de SER que apareceram em frutos inoculados eram semelhantes aos observados em frutos naturalmente infectados. Syed *et al.* (2014) provaram a patogenicidade de *L. theobromae* através de quatro métodos diferentes. Antes da inoculação, os frutos foram esterilizados superficialmente com solução de hipocloreto de sódio a 5%. Os discos de cultura (5 mm) de *L. theobromae* foram cortados do meio PDA de cultura em crescimento ativo e três foram colocados num dos lados dos frutos (método 1st) ou injectando a suspensão de inóculo de 0,02 mililitros contendo 1x10^6 conídios por mililitro na extremidade do caule (método 2nd), três discos foram colocados em três lados diferentes perto da extremidade do caule (método 3rd) ou colocados na extremidade do caule após o corte do caule (método 4th). Antes de colocar o disco, a pele foi ferida com uma agulha. Após a inoculação, os frutos foram colocados dentro de uma campânula, forrada a partir do fundo com papel absorvente esterilizado humedecido para evitar a dessecação, e incubados à temperatura ambiente. Após 12 horas de incubação, os discos de cultura foram retirados e os frutos foram transferidos para uma sala com ar condicionado (20 °C) para o desenvolvimento dos sintomas.

Tandel (2017) provou a patogenicidade através da inoculação de patógenos fúngicos em frutos de manga saudáveis pelo método de lesão por broca de cortiça e mostrou que os frutos inoculados produziram sintomas semelhantes e provou que a podridão da extremidade do caule de frutos de manga causada pelo fungo *B. theobromae*.

Fatima e Khot (2017) comprovaram a patogenicidade do fungo *B. theobromae* de acordo com os postulados de Koch. Um disco de quatro milímetros de uma colónia de fungos em crescimento foi removido por uma broca estéril em condições estéreis e inoculado em frutos saudáveis na região da punção superficial feita artificialmente com uma agulha estéril. Um conjunto de 5 frutos de manga maduros e saudáveis foi inoculado para confirmar a patogenicidade do fungo. Ullah *et al.* (2017) realizaram testes de patogenicidade em frutos de manga maduros e saudáveis da mesma idade e tamanho. Punjab (White chounsa) e Sindh (Sindhri) foram escolhidos para a avaliação da doença. Os frutos de manga foram esterilizados à superfície com uma solução de NaCl a 1% durante 10 a 15 minutos, lavados com água destilada e deixados a secar. Em seguida, os frutos foram inoculados com um tampão de ágar fúngico de 5 mm de uma cultura com sete dias de idade. A porção inoculada foi envolvida com parafilme. Os frutos inoculados foram cobertos com um saco de polietileno e incubados com um tampão de algodão (húmido) para manter a humidade. A experiência foi realizada à temperatura ambiente. Após 24 horas, o inóculo foi retirado. O aparecimento da lesão foi observado durante 3 a 10 dias após a inoculação (Lelliott e Stead, 1987).

Dukare *et al.* (2019) comprovam a patogenicidade de *B. theobromae* em três cultivares de manga; Kesar, Dasheri e Safeda. A patogenicidade das estirpes de fungos foi verificada e confirmada pelos postulados de Koch. A inoculação envolveu a perfuração asséptica de orifícios circulares com cerca de 5 mm de profundidade e 8 mm de diâmetro no lado mais largo dos frutos de manga, utilizando uma broca de cortiça esterilizada em estufa quente (8 mm de diâmetro). As crateras resultantes na superfície dos frutos serviram como locais para a inoculação do agente patogénico. Os inóculos consistiram num disco de 8 mm de diâmetro de um tampão de micélio de fungo, cortado com uma broca de cortiça (8 mm de diâmetro) da região de crescimento ativo de uma cultura pura numa placa de PDA. Este disco fúngico foi colocado nos orifícios profundos criados em cada fruto. Além disso, estes orifícios inoculados com o tampão do patógeno em cada fruto foram cobertos com parafilme. Os tratamentos de controlo foram realizados de forma semelhante, exceto que se utilizou um tampão de meio PDA em vez de um tampão de micélio de agentes patogénicos para a inoculação nos orifícios. Cada tratamento tinha seis frutos por cultivar de manga, tanto em condições de armazenamento ambiente como de armazenamento controlado. Estes seis frutos tratados de cada cultivar foram incubados em pé, em condições controladas, numa incubadora BOD a 25°C de temperatura ambiente.

Kodituwakku *et al.* (2020) provaram a patogenicidade de quatro isolados fúngicos na podridão da extremidade do caule, inoculando-os em frutos de manga de Karthakolomban. *L. theobromae, Pestalotiopsis* sp., *Phomopsis* sp. e *Xylaria feejeensis* foram os principais agentes patogénicos da podridão peduncular da manga. *X. feejeensis* foi identificado pela primeira vez no Sri Lanka como um agente patogénico do apodrecimento da extremidade do caule.

2.3 EFEITO DO TRATAMENTO PRÉ-CARVESTES COM KCl NO DESENVOLVIMENTO DA DOENÇA DA ROTULAÇÃO DA EXTREMIDADE DO CAULE DA MANGA

Nisansala *et al.* (2015) estudaram o efeito do tratamento pré-colheita com potássio no desenvolvimento da doença da podridão da extremidade do caule da manga *(M. indica* L.) e revelaram que a incidência da doença foi reduzida para 80,00% em frutos tratados com 2 gl^{-1} e 40% em frutos tratados com 4 gl^{-1} . 1 gl^{-1} KCl foi menos eficaz do que as outras concentrações e a incidência da doença foi igual nos frutos tratados com 1 gl^{-1} KCl e nos frutos de controlo (controlo-I).

2.4 ESTUDOS SOBRE AS ALTERAÇÕES BIOQUÍMICAS DEVIDAS À DOENÇA DA PODRIDÃO PEDUNCULAR DA MANGA

Shrivastava (1969) revelou que o teor de açúcar em frutos de manga infectados por *B. theobromae era* reduzido. Prasad e Sinha (1983) observaram uma redução mais rápida do ácido ascórbico (vitamina C) durante o armazenamento de frutos de manga infectados por *B. theobromae* e *M. mangiferae* em comparação com frutos saudáveis. O teor de ácido ascórbico dos frutos de manga foi reduzido (97,50%) quando infectados com *P. mangiferae* (Reddy e Laxminarayan, 1984). Redução do ácido ascórbico, do açúcar redutor e do açúcar não redutor em frutos de manga infectados por *B. theobromae* (Jadeja, 1991).

Arya (1993) referiu que os aminoácidos são os principais componentes estruturais da célula vegetal e o bloco de construção das proteínas. Durante a patogénese, os fungos provocam alterações nos aminoácidos de diferentes frutos, quer sejam esgotados, quer sejam produzidos novos. Do mesmo modo, os frutos de manga infectados com *B. theobromae* apresentaram uma diminuição do teor de vitamina C. Rajmane e korekar (2014) registaram a redução do teor de açúcar (gm/100gm de polpa) em 5 variedades de manga (Kesar, Beed local, Jalna local, Nauded local, Aurangabad local) e observaram que 4,10 a 7,90 por cento se deviam a *A. flavus,* 3,40 a 6,80 por cento a *A. niger,* 5,30 a 7,00 por cento a *C. gloeosporioides,* 3.90 a 6,20 por cento devido ao apodrecimento da extremidade do caule, 5,10 a 6,80 por cento devido a *P. chrysogenum* e 8,10 a 9,90 por cento devido ao controlo e concluem que *B. theobromae* mostra uma diminuição máxima do açúcar redutor nas variedades (Kesar, Local Beed, Jalna) enquanto que devido a *A. niger* nas variedades locais (Nanded, Aurangabad).

O teor de vitamina C foi reduzido devido a Botryodiplodia nas variedades de manga Langara e Dasheri (Srivastava e Tendon, 1966). A vitamina C estava completamente ausente após oito dias em frutos de manga causados por *C. gloeosporioides* (Gosh *et al.,* 1966). A diminuição do açúcar total (61,64%) e do açúcar redutor (46,42%) na variedade Kesar devido à infeção por *B. theobromae* (Patel, 2006).

Rajmane e korekar (2016) registaram uma diminuição máxima do teor de vitamina C causada por *C. gloeosporioides* nas variedades de manga Kesar, Beed local, Jalna local, Nanded local e Aurangabad local, enquanto que, em Nanded local, foi causada por *A. niger, B. theobromae* em Kesar, *A. flavus* em Beed local; *P. chrysogenum* em Jalna local; *C. gloeosporioides* em Nanded local e *A. niger* também causaram a redução máxima do teor de vitamina C.

Tandel *et al.* (2017) registaram alterações significativas no açúcar redutor e no açúcar total de frutos de manga pós-colhidos devido à presença dos fungos *C. gloeosporioides, B. theobromae, A.niger* e *R.stolonifer,* respetivamente. A variação percentual significativa no teor de açúcar não redutor foi observada apenas nos frutos da variedade kesar quando infectados com diferentes agentes patogénicos. A redução percentual no teor de açúcar total foi maior (33,77%) na variedade Dasheri devido à podridão da extremidade do caule, enquanto que foi menor (8,92%) na variedade Amrapali devido à podridão de rhizopus. O resultado indicou que a infeção de agentes patogénicos pós-colheita viz, *C. gloeosporioides, B.theobromae, A. niger* e *R. Stolonifer* diminuem o teor de açúcar total da manga. e observou o efeito da doença pós-colheita no teor de fenol em diferentes variedades de manga e também registou que 0,18 a 0,24 por cento devido à antracnose, 0,20 a 0,26 por cento devido à podridão da extremidade do caule, 0,21 a 0,31 por cento devido à podridão negra e 0,25 a 0,33 por cento devido ao rhizopus. Os resultados indicam que os agentes patogénicos *C. gloeospriodes, B. theobromae, A. niger* e *R. stlonifer diminuíram* o teor de fenol dos frutos de manga pós-colheita.

2.5 GESTÃO ECOLÓGICA DA PODRIDÃO PEDUNCULAR DA MANGUEIRA

Jain e Pathak (1970) revelaram que o fitoextrato de *Vernonia cinerea, Lawsonia alba, Datura stramonium, Ficus religiosa* e *Azadirachta indica* apresentava atividade antifúngica contra *B. theobromae*, que provoca a podridão da extremidade do caule dos frutos de manga.

Sabalpara (1983) mostrou que o extrato de folhas de eucalipto inibia o crescimento micelial de *B. theobromae*, causador da podridão da extremidade do caule da mangueira. Patel (1989) revelou que mais de 50 por cento de inibição do crescimento micelial de *B. theobromae* por extrato de folhas de datura, bolbo de alho, rizoma de curcuma e folhas de alho.

Hasabnis (1984) revelou que o fitoextrato de *Allium sativum, A. indica, Pongamia pinnata* e *Vitex negundo* contra a podridão da manga e constatou que a incidência percentual da doença da podridão de armazenamento era de 23,30%, 30,00%, 40,00% e 46,70%, respetivamente, em comparação com 63,30% no controlo.

Chauhan e Joshi (1990) estudaram a eficácia de 14 extractos de plantas e revelaram que os frutos tratados com óleo de eucalipto (1% e 2%) e óleo de rícino (5% e 10%) inibiram a infeção durante mais de duas semanas.

Singh *et al.* (1993) relataram actividades antifúngicas de extrato de plantas contra *B. theobromae, F. oxysporum, Helminthosporium spisiferum, Curvularia lunata, A. flavus* e *Trichothecium roseum.* Utilizaram algumas plantas medicinais, tais como *Calotropis procera, V. negundo, Lantana camara, A.indica, F. religious, Ocimum sanctum, Typhaorientalis, Argemone mexicana, Achyranthes aspera, D. fastuosa* e *Ricinus communis,* que observaram um bom controlo contra estes agentes patogénicos. Entre estes onze extractos de folhas, o *A. indica* e o *O. sanctum* foram mais eficazes no controlo dos fungos. Singh *et al.* (2000) observaram que a qualidade da manga cv. Langra começou a deteriorar-se após cerca de duas semanas de armazenamento e os frutos tornaram-se inaceitáveis. Realizaram uma experiência sobre o efeito de GA3 e extrato de plantas, óleo de rícino e óleo de neem no comportamento de armazenamento de manga cv. Langara e indicaram que o óleo de neem (10%) provocava uma perda de peso fisiológica máxima em comparação com os outros tratamentos e o controlo.

Imtiaj *et al.* (2005) referiram que os fitoextratos de *Curcuma longa* L., *Tagetes erecta* L. e *Zingiber officinales Roscoe demonstraram* inibir a germinação conidial de *C. gloesporioides.* Sahi *et al.* (2012) realizaram a experiência sobre a avaliação *in vitro* da eficácia do extrato de plantas de neem (*A. indica* A.Juss), alho (*A. sativum* L.), cebola (*A. cepa* L.) e safeda *(Eucalyptus camaldulensis* Dehnh.) contra o crescimento do micélio de *B. theobromae* e observaram que o extrato de plantas de safeda e neem foram mais eficazes, enquanto o extrato de alho e cebola foram comparativamente e estatisticamente menos eficazes na inibição do crescimento vegetativo do fungo.

Freire *et al.* (2013) realizaram experimento sobre o efeito do óleo de mamona contra o fungo pós-colheita de coco *L. theobromae* e descobriram que o efeito fungistático do óleo de mamona (7,5 mgml^{-1}) sobre o crescimento micelial foi de 36,36%. Foi observada uma inibição de 40,00 por cento da germinação de esporos em meio de ágar dextrose de batata contendo óleo de mamona (100%), sugerindo que estes ácidos gordos eram responsáveis pelos efeitos fungistáticos do óleo. O efeito do óleo de mamona na inibição da germinação de esporos in vitro pode ser atribuído ao ácido palmítico, enquanto a redução da severidade *in vivo,* bem como a inibição do crescimento micelial *in vitro,* foi devida ao ácido ricinoleico. Os resultados sugerem que os ácidos gordos podem ser explorados como abordagens alternativas para o controlo integrado de *L. theobromae* durante a pós-colheita ou no campo. Suresh *et al.,* (2016) efectuaram uma investigação *in vitro* para avaliar os diferentes produtos botânicos para gerir a doença da gomose da manga. O extrato de bolbo de alho a 10 por cento revelou-se superior (35,93%) seguido de neem a 10 por cento (8,15%) contra *L. theobromae*.

Gupta *et al.* (2014) realizaram uma experiência para avaliar a eficácia de quatro extractos de plantas (neem, pongâmia, folha de anona e calêndula) a 10% e 20% de concentração no prolongamento do prazo de validade da manga cv. Dasheri em duas condições de armazenamento (frio e ambiente) e constatou que a combinação de neem e tratamento de armazenamento a frio inibiu completamente o patógeno e nenhuma deterioração foi observada, enquanto a calêndula deu menos inibição do patógeno.

Alam *et al.* (2017) realizaram uma experiência para explorar produtos naturais em vez de fungicidas para a gestão eficaz da podridão da extremidade do caule. Foram recolhidos frutos de manga totalmente maduros, mas não maduros, da principal cintura de cultivo de manga da província de Punjab. Os frutos foram armazenados em câmara frigorífica (12°C; 4-5 semanas) e em câmara ambiente (25°C; 2 semanas). Após o amadurecimento, os frutos armazenados à temperatura ambiente e a frio revelaram que a podridão da extremidade do caule era a doença mais prevalecente. Os agentes patogénicos associados que apareceram durante a maturação foram isolados e identificados como *L. theobromae, P. mangiferae, C. gloeosporioides, A. alternata, B. cinerea* e *Cytosphaera mangiferae*. Numa investigação subsequente, a eficácia de diferentes extractos de plantas (*Cichorium intybus, Peganum harmala, Syzygium aromaticum, Moringa oleifera, Coriandrum sativum* e *Cinnamomum zeylanicum*) em diferentes concentrações foi avaliada *in vitro* e *in vivo*. Os resultados revelaram que *M. oliefera, S. aromaticum* e *C. zeylanicum* apresentaram uma atividade antifúngica estatisticamente significativa contra o crescimento micelial dos agentes patogénicos testados e o desenvolvimento da podridão da extremidade do caule.

Ullah *et al.* (2017) realizaram uma experiência para avaliar a atividade de biocontrolo de diferentes extractos de plantas de Datura, Aloe-vera e Eucalyptus para controlar o crescimento radial de *L. theobromae*. A análise comparativa mostrou que os extractos de *D. stramonium* e *E. camaldulensis* reduziram mais eficazmente o crescimento dos isolados de Lasiodiplodia, em comparação com o extrato de Aloé-vera, que restringiu o crescimento em 15-20%. Este estudo refere que as plantas constituem a melhor alternativa aos fungicidas químicos.

Tandel (2017) revelou que os frutos tratados com extrato de folhas de nim (10%) apresentaram uma redução significativa (88,30%) na incidência da doença da podridão terminal do caule da manga. Os frutos tratados com extrato de folhas de nim apresentaram uma vida útil mais elevada (11,17 dias) a par do tratamento com água quente a 52°C durante 10 minutos (10,66 dias) em comparação com o controlo (7,00 dias).

Shrestha *et al.* (2018) realizaram uma experiência para investigar a eficácia do extrato de plantas no prolongamento do prazo de validade e na qualidade das mangas colhidas. Mangas verdes maduras recém-colhidas cv. "Calcuttiamaldah" de tamanho e peso uniformes foram mergulhadas numa concentração de 50% de diferentes extractos de folhas de plantas e armazenadas em condições ambientais (32±2°C e 65±5 % HR). Os tratamentos foram extractos de folhas de cinco plantas diferentes, *nomeadamente* neem (*A. indica)*, chinaberry *(Melia azadirach)*, lantana (*L. camara)*, ashok *(Polyalthea longifolia)* e cinnamomum *(C.zeylanicum)*, enquanto o controlo foi o outro tratamento. Para além disso, o carbendazim (fungicida) foi também mantido como tratamento de referência. Cada tratamento foi composto por cinco mangas e repetido três vezes. Para cada repetição, foi também mantida uma amostra destrutiva. O tratamento com extrato de folhas de nim deu os resultados mais promissores, uma vez que se verificou uma perda de peso fisiológica mínima, um teor máximo de ácido ascórbico, uma acidez máxima e um pH mínimo. Do mesmo modo, o tempo de conservação, os sólidos solúveis totais, a frescura e a firmeza foram mais elevados nos frutos tratados com extrato de folhas de nim, a seguir aos frutos tratados com carbendazime. O controlo foi o mais ineficaz de todos os tratamentos em relação a todos os parâmetros. No que diz respeito ao extrato de plantas, o extrato de folhas de anona deu resultados promissores, seguido da lantana.

CAPÍTULO 3 : MATERIAIS E MÉTODOS

A experiência foi realizada durante o ano de 2020-21 no Departamento de Fitopatologia, N. M. College of Agriculture, Navsari Agriculture University, Navsari e no Centro de excelência em tecnologia pós-colheita, NAU, Navsari. A variedade *de* manga Kesar foi selecionada para o estudo da doença pós-colheita da podridão da extremidade do caule e os métodos adoptados são descritos a seguir.

3.1 INQUÉRITO AOS SOROS A NÍVEL DO MERCADO

Foi realizado um inquérito nos seguintes mercados grossistas do distrito de Navsari e a variedade de manga exportável mais popular, *a* Kesar, foi recolhida para estudos de prevalência e avaliação de perdas.

Tabela: 3.1. Estrutura de amostragem para a estimativa das perdas pós-colheita devidas à doença SER

Sr.No	Market for study	Sample size and group
1	Morarji Desai Market, Navsari	
2	Sardar Patel Market, Bilimora	Twenty mangoes,
3	APMC Market, Chikhli	2 (Two) Wholesaler from
4	APMC Market, Amalsad	each location
5	APMC Market, Khergam	
6	KhadaMarket, Bilimora	

A variedade Kesar foi selecionada porque é uma variedade de estação precoce e os frutos são oblongos com um rubor vermelho nos ombros, com boa qualidade de conservação, ideal para polpa e concentrados de sumo e a variedade mais famosa em Gujarat e exportável.

3.1.1Amostragem de frutos:

A metodologia de amostragem foi adoptada como sugerido por Diedhiou *et al.,* 2007. Vinte mangas foram amostradas duas vezes nos meses de maio e junho em cada local. Os frutos foram etiquetados e colocados em sacos limpos e levados para o laboratório. Todos os frutos foram deixados a amadurecer à temperatura ambiente (27°C ± 2) e foram examinados todos os dias para detetar o apodrecimento dos frutos de manga.

Os frutos que apresentavam sintomas de doença foram seleccionados para o isolamento do agente patogénico que causa as diferentes doenças pós-colheita. Foram seguidos procedimentos de amostragem aleatória estratificada e foi calculada a percentagem de incidência da doença.

Observações a registar:

O número de frutos infectados foi registado e a percentagem de incidência da doença foi calculada utilizando as seguintes fórmulas padrão (Mamatha e Rai, 2000):

$$\%DI = \frac{Do}{D} X100$$

Where, DI= Disease incidence

3.2 ISOLAMENTO, IDENTIFICAÇÃO, CONFIRMAÇÃO E CARACTERIZAÇÃO DE UM AGENTE CAUSADOR DA DOENÇA DA SERRALHA DA MANGA

3.2.1 Isolamento:

O isolamento de um agente incitante das mangas doentes foi efectuado em meios de utilização geral, como o ágar dextrose de batata. Foram separadas amostras de mangas, em função da localização e da doença, e levadas para o laboratório para isolamento. Os frutos de manga foram desinfectados por imersão em água destilada esterilizada até à remoção de todas as partículas de pó e secos com papel de cozinha esterilizado. Os pedaços de manga doentes foram separados e cortados em pequenos pedaços, esterilizados à superfície com $HgCl_2$ a 0,1%, enxaguados três vezes em água destilada esterilizada, secos em papel absorvente esterilizado e colocados em meios de cultura. As placas foram incubadas à temperatura ambiente (27°C ± 2). As culturas de agentes patogénicos foram purificadas pela técnica de isolamento de um único esporo e mantidas em placas.

3.2.2Identificação e confirmação:

A identificação das culturas foi efectuada com base nas suas características culturais e morfológicas. Para a confirmação de um agente incitante, o teste de patogenicidade foi comprovado de acordo com os postulados de Koch através do método de lesão por broca de cortiça. Foi retirado um disco de 5 mm de cada fruto de manga a inocular, utilizando uma broca de cortiça de 5 mm de diâmetro. O tampão de micélio da cultura pura do isolado de *B. theobromae* (sinónimo de *L. theobromae)* foi cortado com uma broca de cortiça estéril de 5 mm de diâmetro. Os tampões de micélio foram colocados nos orifícios feitos nos frutos de manga saudáveis a serem inoculados (um tampão por orifício). Após a inserção dos tampões de micélio, os discos de frutos foram reposicionados. Os tratamentos de controlo foram realizados de forma semelhante, exceto que se utilizou um tampão de meio PDA em vez de um tampão de micélio dos agentes patogénicos para a inoculação nos orifícios. As bordas do disco reposicionado foram seladas com cera derretida; os frutos inoculados e o controlo foram incubados à temperatura ambiente $(27°\pm 2°C)$. Os frutos foram examinados diariamente e o desenvolvimento dos sintomas da doença foi observado e registado.

Caracterização dos principais agentes causadores da podridão peduncular da manga.

A. Cultural:

Os parâmetros de aparência da colónia, cor, pigmentação e zonação, etc., serão observados visualmente (Iram *et al.,* 2014).

B. Morfológico

A forma dos conídios, o tamanho dos conídios, a cor das hifas, as septações, os corpos de frutificação ou quaisquer outras estruturas visíveis foram observados ao microscópio (Iram *et al.,* 2014).

3.3 EFEITO DO TRATAMENTO PRÉ-CARVESTES COM KCl NO DESENVOLVIMENTO DA DOENÇA DA ROTULAÇÃO DA EXTREMIDADE DO CAULE DA MANGA

Localização: RHRS Farm, NAU, Navsari

Variedade: Kesar

Desenho: RBD

Tratamento: 7 (Sete)

Replicação: 3 (Três)

Tabela 3.1: Diferentes concentrações de KCl

Sr.No	Treatment	KCl concentration(g/l)
1	T1	0.5
2	T2	1.0
3	T3	1.5
4	T4	2.0
5	T5	2.5
6	T6	Control-I (Distilled water)
7	T7	Control-II (Without water)

Metodologia:

Cinco concentrações diferentes de cloreto de potássio (KCl) foram pulverizadas nos frutos de manga quando estes estavam no tamanho de ovo (um mês após a frutificação na árvore). As concentrações de KCL utilizadas foram 0,5 gl⁻ 1, 1,0 gl^{-1} , 1,5 gl^{-1} , 2,0 gl^{-1} e 2,5 gl^{-1} . Cada concentração foi pulverizada uma vez em dez frutos de manga até que todo o fruto estivesse molhado e a solução escorresse do fruto (aproximadamente 10 ml) em três árvores diferentes. Dois tratamentos foram utilizados como Controlo-I (pulverização apenas com água destilada) e Controlo-II (sem água). Os frutos foram colhidos três meses após o tratamento com KCL e ensacados na fazenda RHRS, NAU, Navsari e levados para o laboratório do Departamento de Fitopatologia, N. M. Collage of Agriculture, NAU.

Navsari, para examinar a presença do agente patogénico e da doença da podridão da extremidade do caule.

Observação a registar:

O número de frutos infectados foi registado e a percentagem de incidência da doença foi calculada utilizando as seguintes fórmulas padrão (Mamatha e Rai, 2000):

$$\%DI = \frac{Do}{D} X100$$

Where, DI= Disease incidence

Análise estatística

Para a experiência, o desenho RBD foi efectuado através de pacotes estatísticos com a ajuda do Departamento de Estatísticas Agrícolas para a precisão dos resultados. Os frutos replicados foram utilizados para avaliar a incidência da doença. Os dados foram submetidos à análise de variância (ANOVA) e a incidência da doença foi transformada em arco seno antes da análise.

3.4 ALTERAÇÕES BIOQUÍMICAS DEVIDAS À DOENÇA DO SER DA MANGA

Foram efectuados estudos sobre as alterações bioquímicas dos frutos. Para estudar as alterações bioquímicas, os frutos de manga foram artificialmente inoculados com uma quantidade igual de esporulação (10^5 esporos/ml) do agente patogénico da podridão da extremidade do caule. Este é responsável por alterações no conteúdo bioquímico dos frutos, entre as quais o açúcar redutor é a principal alteração bioquímica que conduziu à deterioração da qualidade dos frutos. Tendo em conta o facto acima referido, as alterações bioquímicas da manga foram estimadas utilizando o método sugerido por Rajmane e Korekar (2014).

3.4.1 Reduzir o açúcar

O teor de açúcares redutores da manga foi calculado de acordo com o procedimento recomendado por Oser (1979):

500 mg de polpa foram colocados em 50 ml de água destilada e fervidos, sendo depois filtrados e o filtrado diluído até 100 ml. Foram colocados tubos de folin-wu e adicionou-se-lhe o seguinte conteúdo.

1) Tubo branco - Água destilada 2 ml

2) 2 ml de solução de glucose "C

3) 2 ml de filtrado em cada tubo e 3 ml de solução alcalina de cobre.

Em seguida, o tubo foi fervido num banho de água a ferver durante 8 minutos. O tubo foi arrefecido em água corrente e adicionaram-se 2 ml de solução de ácido fosfomolíbdico, que produziu uma cor azul. Em seguida, esta solução foi diluída até 25 ml de água destilada e a densidade ótica foi determinada a 420 nm, tendo sido calculada a quantidade de açúcar redutor presente na polpa. A percentagem de açúcar total foi calculada pela seguinte fórmula

$$\text{mg sugar/ 100 mg sample:} \quad \frac{\text{O. D of unknown} \times 100 \times 0.4}{\text{Conc. From graph} \times 2 \times W}$$

3.4.2 Açúcar não redutor

Açúcar não redutor (%) O teor de açúcar não redutor da polpa de manga foi calculado a partir da seguinte fórmula, conforme descrito por Rahman *et al.* (2011).

Açúcar não redutor (%) = Açúcar total (%)-Açúcar redutor (%)

Foto 3.1: Instrumentos e utensílios de laboratório utilizados na análise bioquímica do fruto da manga

3.4.3 Açúcar total

O teor de açúcar total da manga foi determinado calorimetricamente pelo método da antrona (Jayaraman, 1981). Pipetou-se uma alíquota de 1 ml do extrato de polpa para três tubos de ensaio e adicionou-se 4 ml do reagente de antrona a cada tubo, misturando bem. Os tubos de ensaio foram colocados num banho de água a ferver durante 10 minutos. Após arrefecimento, a absorvância foi medida a 680 nm em relação a um reagente em branco. O açúcar total presente nos tubos de amostra foi determinado a partir da curva padrão preparada com diferentes concentrações de glucose e expresso em g/100 g de polpa de manga.

3.4.4 Teor de fenol

O teor de fenol foi estimado pelo método do reagente de Folinciocalteu (Bray e Thorpe, 1954). Pipetou-se uma alíquota de 1 ml para três tubos de ensaio e adicionou-se 1 ml de reagente de Folinciocalteu. Após 3 minutos, foram adicionados a cada tubo 2 ml de solução de Na2CO3 a 20 %. O conteúdo foi bem misturado e os tubos foram colocados em água a ferver durante 2 minutos. Após arrefecimento, a absorvância foi medida a 650 nm contra um reagente em branco. Foi traçada uma curva padrão utilizando diferentes concentrações de catecol. A partir desta curva-padrão, determinou-se a concentração de fenol na amostra em análise, que foi expressa em mg/100g de polpa de manga.

3.4.5 Acidez titulável

O teor de vitamina C foi estimado pelo método de titulação padrão. Pipetaram-se 5 ml de uma solução padrão de ácido ascórbico (100 mg/ml) para um erlenmeyer e, em seguida, tomaram-se 10 ml de ácido oxálico a 0,4%, que foram titulados com a solução corante. Em seguida, extraiu-se 2 g de amostra em ácido oxálico a 0,4% e o volume foi completado para 100 ml com ácido oxálico a 0,4%. A partir desta solução, pipetou-se 5 ml de amostra para um erlenmeyer e titulou-se com a solução corante. O ponto final foi a cor rosa. Finalmente, a quantidade de ácido ascórbico em mg/100 ml de polpa foi estimada utilizando a seguinte fórmula.

Quantidade de ácido ascórbico mg =

0,5mg/v1ml ×v2ml75ml×100ml7wt da amostra×100

100 ml de polpa em que, V1 ml = Volume de ácido ascórbico padrão, V2 ml = Volume de ácido ascórbico da amostra

Observações a registar:

1. Reduzir o açúcar

2. Açúcar não redutor

3. Açúcar total

4. Teor de fenol

5. Acidez titulável

3.5 Gestão ecológica da doença SER da manga

Localização: Centro de Excelência em Tecnologia Pós-Colheita, NAU, Navsari

Variedade: Kesar

Conceção: CRD

Tratamento: 8 (Oito)

Repetições: 3 (Três

Tabela: 3.2

Sr .No	Treatment	Name	Scientific name	Family
1	T1	Neem	*A. indica* A. Juss	Meliaceae
2	T2	Lantana	*L. camera* L.	Verbenaceae
3	T3	Marigold	*T. serecta* L.	Asteraceae
4	T4	Castor	*R. communis* L.	Euphorbiaceae
5	T5	Datura	*D. stramonium* L.	Solanecae
6	T6	Drumstick	*M. oleifera* L.	Moringaceae
7	T7	Eucalyptus	*E. camaldulensis* L.	Mytracae
8	T8	Control	-	-

Metodologia:

Foram colhidos no mercado grossista dez frutos de manga da variedade Kesar, saudáveis, de tamanho e forma uniformes, sem qualquer nódoa negra ou ferimento mecânico, e cada fruto foi limpo por lavagem com água fria da torneira e depois limpo com um pano de musselina. Os frutos foram embalados em caixas de cartão com uma camada de folhas de cada tratamento juntamente com o controlo e mantidos à temperatura ambiente (27°C). Cada fruto dos diferentes tratamentos foi cuidadosamente examinado para detetar quaisquer sintomas visíveis da doença da podridão da extremidade do caule e o fim do prazo de validade foi considerado quando 30% dos frutos apresentavam excesso de maturação.

Observações a registar:

- Prazo de validade

- O número de frutos infectados será registado e a percentagem de incidência da doença será calculada utilizando as seguintes fórmulas padrão (Mamatha e Rai, 2000).

$$\%DI = \frac{Do}{D} X100$$

Where, DI= Disease incidence

Análise estatística

Para a experiência, o desenho CRD foi feito através de pacotes estatísticos com a ajuda do Departamento de Estatística Agrícola para a exatidão dos resultados. Os frutos replicados foram utilizados para avaliar a incidência da doença. Os dados foram submetidos à análise de variância (ANOVA) e a incidência da doença foi transformada em arco seno antes da análise

CAPÍTULO 4 : RESULTADOS E DISCUSSÃO

A manga *(M. indica* L.) é uma das principais culturas frutícolas de importância comercial e é conhecida como o "rei" dos frutos indianos. Os frutos são importantes porque são deliciosos, ricos em vitamina A e C e em minerais como o cálcio e o fósforo e ocupam um lugar de destaque na dieta do ser humano. A manga é suscetível a uma série de doenças em todas as fases, desde a sementeira até ao desenvolvimento dos frutos. Sofre de várias doenças pós-colheita causadas por vários fungos, *nomeadamente*
C. gloesporioides (antracnose), *B. theobromae* (podridão da extremidade do caule), *R. stolonifer* (podridão Rhizopus) e *A. niger* (podridão Aspergillus) e, entre estas, a podridão da extremidade do caule é a principal doença pós-colheita. Estas doenças pós-colheita não só reduzem a produção de manga e causam perdas substanciais, como também deterioram a qualidade dos frutos, diminuem o tempo de conservação após a colheita dos frutos e tornam-nos impróprios para consumo humano, causando perdas económicas.

Estudar as doenças pós-colheita da manga e a sua prevenção nos canais de comercialização contribui significativamente para aumentar a produção de frutos de manga, reduzindo as perdas pós-colheita através de métodos ecológicos. A gestão das doenças pós-colheita dos frutos da manga é um dos principais problemas que a indústria da manga enfrenta.

Assim, a presente investigação foi realizada para identificar as diferentes doenças fúngicas que ocorrem no canal de comercialização após a colheita e para aplicar um método sustentável de manuseamento dos frutos para evitar a podridão peduncular e para descobrir uma tática de gestão ecológica adequada para minimizar a podridão peduncular, através da qual os agricultores obtêm resultados utilizando o remédio.

Este capítulo incorpora os resultados da presente investigação sobre "Prevalência, avaliação de perdas e gestão da doença da podridão do tronco da mangueira *(M. indica* L.)", realizada na quinta universitária RHRS e no Laboratório do Departamento de Fitopatologia, N. M. College of Agriculture, Navsari Agriculture University, Navsari, Gujarat. Os dados relativos à "Prevalência, avaliação das perdas e gestão da doença do apodrecimento da extremidade do caule da mangueira" foram submetidos a uma análise estatística e os resultados obtidos com a presente investigação sobre vários aspectos são aqui apresentados e discutidos.

4.1 INQUÉRITO SOBRE A PODRIDÃO DA EXTREMIDADE DO CAULE A NÍVEL DO MERCADO

O grau de perda devido a diferentes doenças pós-colheita da manga, com especial referência à doença da podridão da extremidade do caule em vários mercados do distrito de Navsari no ano de 2020, é apresentado no quadro 4.1. A deterioração pós-colheita foi máxima no mês de maio-junho nos locais estudados. Este facto foi atribuído a condições ambientais favoráveis e à disponibilidade da variedade kesar suscetível durante maio-junho.

A partir dos dados (Quadro 4.1) da variedade kesar, é óbvio que a incidência percentual de doenças da podridão peduncular em dois meses consecutivos *(ou seja,* maio e junho) no ano de 2020 revelou que a podridão peduncular é uma doença fúngica pós-colheita frequente na manga. A podridão do pedúnculo começa no fruto, na base do pedicelo. Junto à extremidade do pedúnculo, desenvolve-se uma área circular castanha, que começa gradualmente a desenvolver-se como uma área castanha escura a preta na parte inferior do fruto e, mais tarde, cobre toda a superfície do fruto. A podridão é tão rápida que todo o fruto apodrece em 2-3 dias. A doença pode começar no fruto a partir de outro ponto que não a extremidade do pedúnculo, quando o fruto fica com nódoas negras. A doença é observada apenas em frutos maduros.

4.1.1. Inquérito

Durante o inquérito, foram recolhidas vinte amostras de frutos verdes da variedade Kesar, duas vezes por mês, em maio e junho, em vários mercados grossistas do distrito de Navsari, *nomeadamente o* mercado Morarji Desai, Navsari, o mercado Sardar Patel, Bilimora, o mercado APMC, Chikhli, o mercado APMC, Amalsad, o mercado APMC, Khergam e o mercado Khada, Bilimora. Os resultados revelaram que a doença da podridão peduncular prevalecia a 100 % em todos os mercados do distrito de Navsari e que a incidência da doença era mais elevada no mercado APMC de Chikhali (28,12 %), seguido do mercado APMC de Amalsad (26,87 %) e do mercado Morarji Desai de Navsari (23,75 %). Mercado de Khada, Bilimora (23,12%), mercado de Sardar Patel, Billimora (18,12%) e Khergam (16,87%). A perda média causada pela doença da podridão peduncular da manga em todos os mercados foi de 22,81% (Quadro 4.1).

A incidência mais elevada da doença da podridão peduncular registada no mercado grossista deve-se ao facto de as mangas serem em grande parte trazidas do campo do agricultor e de esses frutos já estarem infectados no campo e de o desenvolvimento da doença ter aumentado rapidamente quando foram trazidos para o mercado. Por conseguinte, a incidência mais elevada registada nos mercados pode dever-se à infeção latente do fungo que ocorre antes da colheita e que permanece quiescente até os frutos começarem a amadurecer e a um manuseamento pós-colheita deficiente. A deterioração dos frutos deve-se à doença da podridão da extremidade do caule.

A prevalência da podridão da extremidade do caule foi registada em todos os mercados. Tandel (2017) referiu que a perda média de frutos de manga devido à podridão da extremidade do caule foi de 17,50 por cento ao nível do grossista. Gupta e Singh (2017) verificaram que a incidência da podridão peduncular era de 100% em todos os mercados e que a incidência da podridão peduncular era mais elevada no mercado de kicha, com 30,00%. Savita *et al.* (2018) observaram uma incidência de 8,85% de podridão da extremidade do caule durante o inquérito.

Foto 4.1: Levantamento dos frutos de manga infectados com podridão da extremidade do caule nos mercados de Bilimora e Chikhli

Foto 4.2: Levantamento de mangas infectadas com podridão da extremidade do caule em Khergam e no mercado Morarji Desai, Navsari

Foto 4.3: Levantamento de frutos de manga infectados com podridão da extremidade do caule no mercado APMC de Amalsad

Foto 4.4: Recolha e amostragem de frutos de manga

Foto 4.5: Frutos saudáveis e desenvolvimento do sintoma de podridão da extremidade do caule em frutos de manga

Quadro 4.1: Prevalência e incidência da doença SER em vários níveis de salsichas inteiras

Sr. no	Market	Prevalence (%)	Per cent disease incidence (%)		Mean (%)
			May	June	
1	Morarji Desai Market, Navsari	100	22.50	25.00	23.75
2	Sardar Patel Market, Bilimora	100	17.50	18.75	18.12
3	APMC Market, Chikhli	100	23.75	32.50	28.12
4	APMC Market, Amalsad	100	25.00	28.75	26.87
5	APMC Market, Khergam	100	17..50	16.25	16.87
6	Khada Market, Bilimora	100	22.50	23.75	23.12
	Total loss (average)		**21.25**	**24.38**	**22.81**

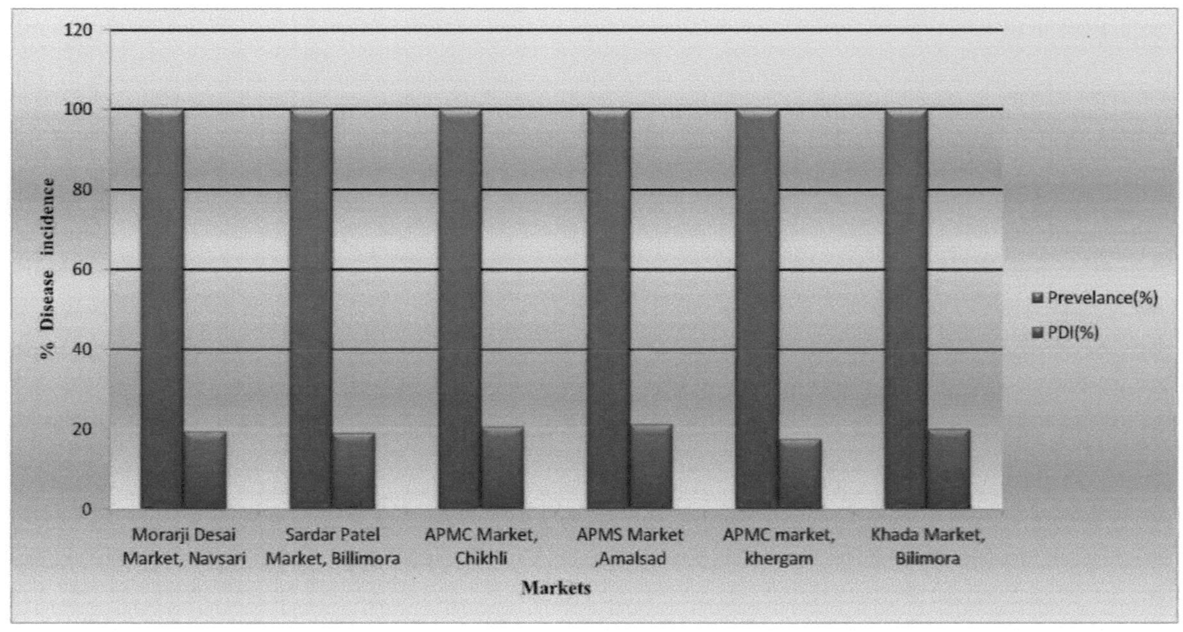

Fig. 4.1: Prevalence and per cent disease incidence of SER of mango

4.2 Isolamento, identificação, confirmação e caraterização de um agente causador da doença SER da manga

4.2.1: Isolamento

Os frutos de manga verdes da variedade Kesar foram recolhidos em diferentes mercados do distrito de Navsari e levados para o laboratório. Os frutos recolhidos foram deixados a estragar-se à temperatura ambiente (28±2°c). Os frutos de manga recolhidos foram separados com base nos sintomas da doença observados nos frutos.

A partir da extremidade do caule, os frutos de manga infectados com podridão deram origem a colónias de cor acinzentada a cinzenta a preta, observando-se micélio aéreo abundante e fofo com esporos bicelulares de cor castanha escura e picnídios de cor preta

4.2.2 Confirmação

Frutos de manga saudáveis da variedade kesar foram inoculados com o agente patogénico anteriormente isolado de frutos de manga infectados com a doença da podridão peduncular pelo método da lesão por broca de cortiça.

Os frutos de manga sãos inoculados deram resultados positivos e produziram sintomas semelhantes nos frutos no prazo de 3-6 dias após a inoculação e o postulado de Koch foi confirmado por re
isolamento do mesmo fungo. O organismo causal da doença da podridão da extremidade do caule da mangueira no âmbito da presente investigação foi confirmado como *B. theobromae*.

A caraterização dos fungos patogénicos foi encontrada de acordo com a tabela 4.2.

4.2.3: Identificação

É evidente, a partir dos dados apresentados no quadro 4.2 e na foto 4.8, que o organismo causal do apodrecimento da extremidade do caule é *B. theobromae*, que produziu colónias brancas, inicialmente, e depois acinzentadas, passando a castanho-escuras e, finalmente, pretas. Os conídios são de paredes espessas, septados simples, de cor castanha a castanha escura, com 16,00 a 28,00 μm (comprimento) e largura de 12,00 a 16,00 μm. A presente investigação está de acordo com Tandel (2017), que isolou *B. theobromae* do fruto de manga infetado e também registou o carácter da colónia, o carácter dos esporos e o tamanho dos esporos de *B. theobromae*. Pillips (2007) observou que as colónias de *B. theobromae* são frequentemente acinzentadas a cinzentas a pretas, fofas com micélio arial abundante. A cultura madura em PDA tem pigmentação preta e desenvolve picnídios e esporula posteriormente. Em PDA, os picnídios podem ser encontrados agrupados, dispersos ou centrados e visíveis. A colónia de *L. theobromae* (sinónimo *B. theobromae)* é inicialmente branca, tornando-se cinzenta em 2-3 dias e, finalmente, preta na maturação e com uma textura fofa. Também se observou a presença de picnídios pretos brilhantes na cultura, cuja localização varia: alguns estão centrados, enquanto outros estão dispersos ou dispostos na periferia e não estão agrupados.

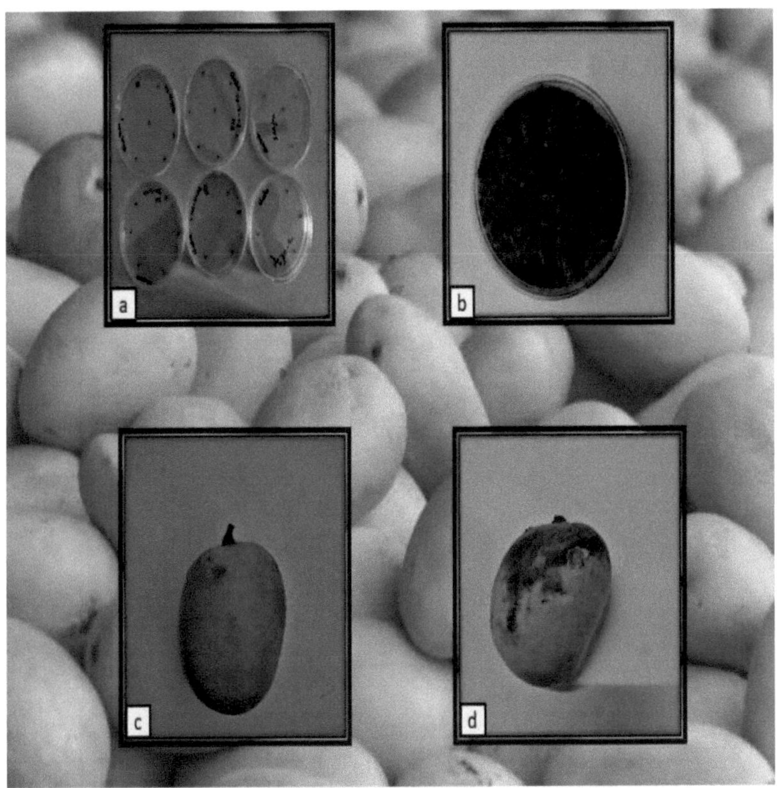

Foto 4.6: Isolamento e teste de patogenicidade de *B. theobromae* da doença da podridão da extremidade do caule da mangueira (lesão da broca da cortiça) (a) isolamento a partir do caule e do tecido (b) crescimento de *B. theobromae* em PDA (c) inoculação do agente patogénico em frutos com lesão da broca da cortiça, frutos de manga inoculados selados com cera (d) desenvolvimento de sintomas no método de lesão da broca da cortiça cv. Kesar

Foto 4.7: Mudanças periódicas na cultura de *B. theobromae*

Foto 4.8: Características morfológicas de *B. theobromae*

Quadro 4.2: Caracterização do agente patogénico fúngico SER isolado de frutos de manga doentes

Disease	Fungus	Colony character	Spore/ conidia character	Spore / conidial size
Stem end rot	*B. theobromae*	Initially colony colour was white which turn greyish to dark brown and finally black colour on maturation. The development of black colour pycnidia was take place.	Thick walled,1 septate and brown to dark brown colour spores were observed.	Length=16.00 to 28.00μm Width= 12.00 to 16.00 μm

4.3 Efeito do tratamento pré-colheita com KCl no desenvolvimento da doença SER da manga

O apodrecimento do caule da manga é um problema grave que afecta a qualidade e o prazo de validade dos frutos da manga, o que tem um impacto direto na aceitabilidade do consumidor. Para controlar o apodrecimento do pedúnculo da manga, dependemos de uma combinação de aplicações pré e pós-colheita dos frutos. No entanto, a utilização de fungicidas químicos afecta diretamente a saúde do consumidor e causa riscos ambientais. É necessário encontrar uma alternativa ao fungicida químico que reduza a incidência da doença e atraia a aceitação do consumidor e melhore a qualidade dos frutos da manga.

Muitas plantas com deficiência de potássio são propensas ao desenvolvimento de certas doenças nas plantas. A utilização de quantidades adequadas de potássio (K_2O) desenvolveu resistência contra muitos agentes patogénicos e reduziu a incidência de doenças, proporcionando frutos de boa qualidade. (http://en.wikipedia.org/wiki/Potassium_deficiency_%28plants%29).

O resultado revelou que a incidência mínima de doença por cento foi encontrada no tratamento de 2 gl^{-1} KCl (28,78%) seguido de 0,5 gl^{-1} KCl (43,07%) que está a par com 1,5 gl^{-1} (50,85%) enquanto a incidência máxima foi encontrada no tratamento de controlo II (68,85%) e 1,0 gl^{-1} KCl (68,85%) (Quadro 4.3).

Nisansala *et al* (2015) revelaram que a incidência da doença da podridão da extremidade do caule foi reduzida para 80,00 por cento em frutos tratados com 2 gl^{-1} KCL. 1 g^{-1} KCL foi menos eficaz e a incidência da doença foi igual à dos frutos de controlo (controlo II)

Foto 4.9: Seleção de frutos de manga com tamanho de ovo e ensacamento dos frutos após a pulverização (a) frutos de manga com tamanho de ovo (b) frasco de pulverização e KCL e (c) ensacamento dos frutos de manga após a pulverização

Foto 4.10: Vista geral dos frutos de manga ensacados após a pulverização

Foto 4.11: Concentração eficaz de KCL (gl^{-1}) contra a doença da podridão da extremidade do caule da mangueira

Tabela 4.3: Efeito de diferentes concentrações de KCl no desenvolvimento da doença da podridão da extremidade do caule na manga cv. Kesar

Sr. no	KCl concentration (g/l)	PDI (%)	Disease reduction (%)
1	0.5	(46.67) 43.07	(53.33) 56.92
2	1.0	(86.67) 68.85	(13.33) 31.14
3	1.5	(60.00) 50.85	(40.00) 49.14
4	2.0	(23.33) 28.78	(76.67) 71.22
5	2.5	(73.33) 59.00	(26.67) 40.99
6	Control I (distilled water)	(73.33) 59.00	(26.67) 40.99
7	Control II (without water)	(86.67) 68.85	(13.33) 31.14
	SEm ±	2.69	-
	CD at 5%	8.29	-
	CV %	8.62	-

*Figures in parenthesis are original value and outside are arcsine transformation value

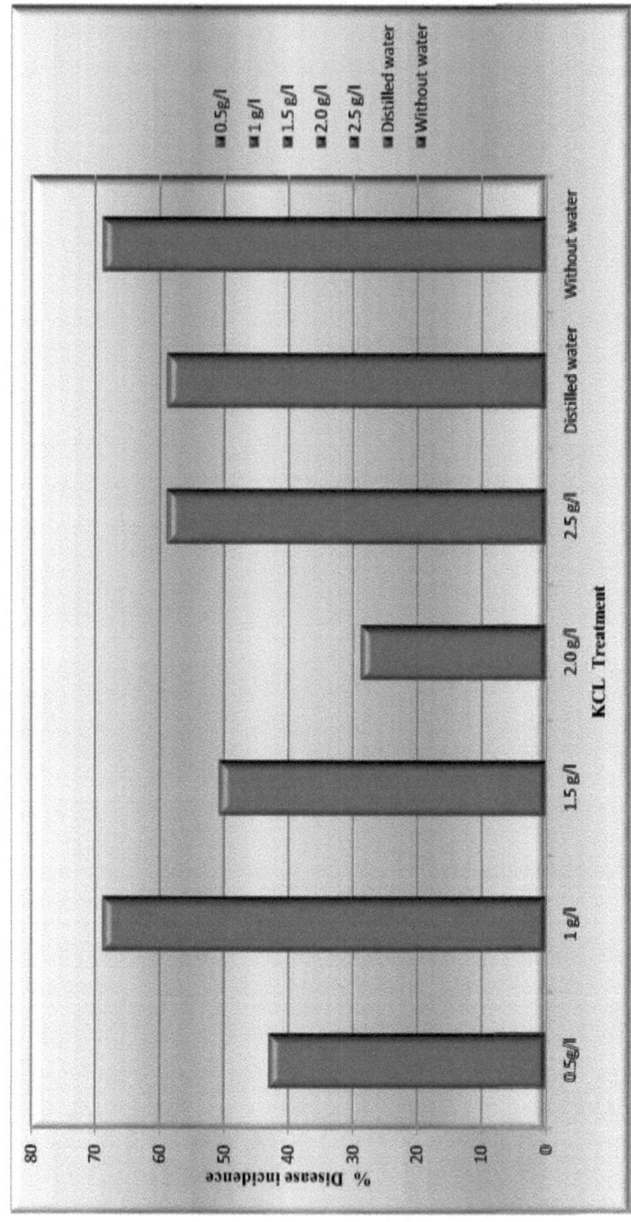

Fig.4.2: Effect of pre harvest KCl treatment on stem end rot disease incidence in mango cv. Kesar

58

4.4 Alterações bioquímicas devidas à podridão peduncular da manga

Como parte do estudo para explorar a possível estratégia para aumentar o prazo de validade dos frutos de manga e da cultivar de manga que foram testados quanto à sua reação resistente contra o agente patogénico *B. theobromae*, causador da podridão do caule, também foram estudados em relação às alterações bioquímicas produzidas durante o desenvolvimento da podridão do caule por *B. theobromae* nos frutos de manga. Os parâmetros bioquímicos importantes dos frutos de manga, como o açúcar redutor, o açúcar não redutor, o açúcar total, o teor de fenol e a acidez titulável, foram analisados a partir dos frutos afectados por *B. theobromae*.

4.4.1 Reduzir o açúcar

A observação registada para o teor de açúcares redutores de frutos de manga cv. Kesar saudáveis (4,30%) e infectados com podridão da extremidade do caule (2,80%) é apresentada no (Quadro 4.4) após análise, verificou-se que os açúcares redutores foram reduzidos em 34,89 por cento em frutos infectados com podridão da extremidade do caule em comparação com frutos saudáveis.

4.4.2 Açúcar não redutor

A observação registada para o teor de açúcar não redutor de frutos de manga cv. Kesar saudáveis (8,50%) e infectados pela podridão da extremidade do caule (6,82%) é apresentada no (Quadro 4.4) após análise, verificou-se que o açúcar redutor foi reduzido em 4,28% em frutos infectados pela podridão da extremidade do caule em comparação com frutos saudáveis. A redução de açúcares não redutores na variedade Kesar infetada pela doença da podridão da extremidade do caule foi mínima.

4.4.3 Açúcar total

A observação registada para o teor de açúcar total de frutos de manga cv. Kesar saudáveis (4,20%) e infectados com podridão da extremidade do caule (4,02%) é apresentada no (Quadro 4.4) após análise, verificou-se que o açúcar redutor foi reduzido em 19,77% em frutos infectados com podridão da extremidade do caule em comparação com frutos saudáveis.

4.4.4 Teor de fenol

A observação registada para o teor de açúcar redutor de frutos de manga cv. Kesar saudáveis (0,60%) e infectados com podridão da extremidade do caule (0,35%) é apresentada no (Quadro 4.4) após análise, verificou-se que o açúcar redutor foi reduzido em 41,67% em frutos infectados com podridão da extremidade do caule em comparação com frutos saudáveis. A redução do teor de fenol foi máxima na manga infetada pela podridão do caule, em comparação com outros parâmetros.

4.4.5 Acidez titulável

A observação registada para o teor de açúcar redutor de frutos de manga cv. Kesar saudáveis (0,35%) e infectados com podridão da extremidade do caule (0,22%) é apresentada no (Quadro 4.4) após análise, verificou-se que o açúcar redutor foi reduzido em 37,14% em frutos infectados com podridão da extremidade do caule em comparação com frutos saudáveis. A redução da acidez titulável foi máxima, seguida de uma redução percentual do teor de fenol.

Os frutos de manga infectados com *B. theobromae* apresentaram uma diminuição do teor de vitamina C (Arya, 1993). A redução do açúcar redutor, do açúcar não redutor, do açúcar total, do teor de fenóis e da acidez titulável foi observada na variedade kesar devido à infeção por *B. theobromae*. A redução no teor de fenol (47,92 a 60,78%) foi maior, seguida pela acidez titulável (24,32 a 34,15%) e a menor redução foi observada no açúcar não redutor (Tandel, 2017). O teor de vitamina C foi reduzido devido à Botryodiplodia nas variedades de manga Langara e Dasheri (Srivastava e Tendon, 1966). Shrivastava (1969) revelou que o teor de açúcar foi reduzido em frutos de manga infectados por *B. theobromae*. Redução do ácido ascórbico, do açúcar redutor e do açúcar não redutor em frutos de manga infectados por *B. theobromae* (Jadeja, 1991). A diminuição do açúcar total (61,64%) e do açúcar redutor (46,42%) na variedade kesar devido à infeção por *B. theobromae* (Patel, 2006).

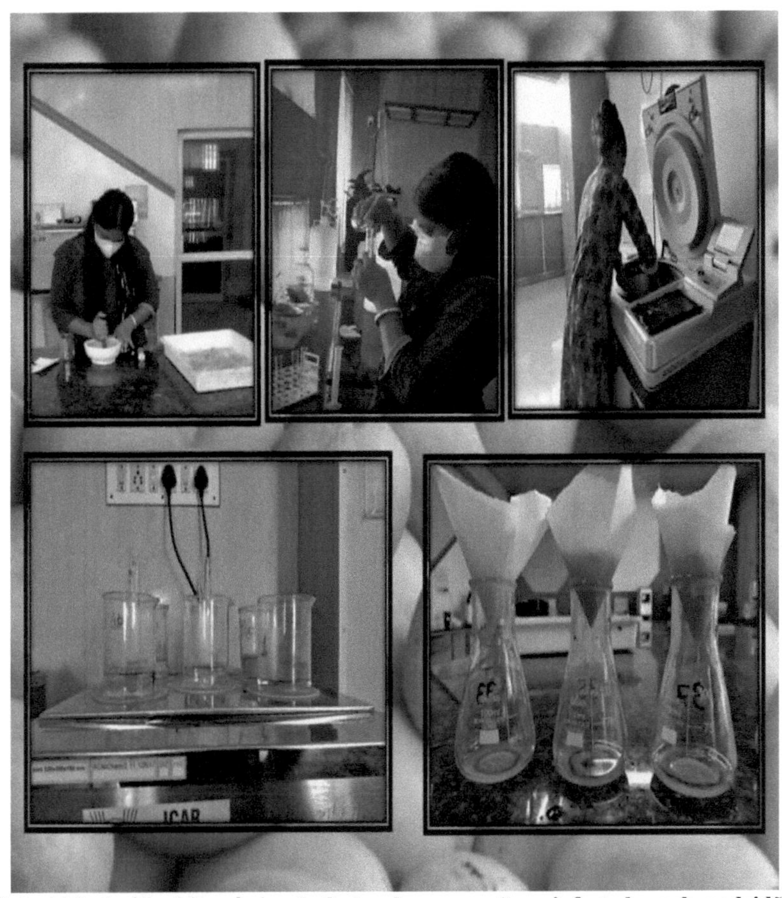

Foto 4.12: Análise bioquímica de frutos de manga sãos e infectados pela podridão da extremidade do caule

Quadro 4.4: Efeito em diferentes parâmetros bioquímicos da manga devido à doença SER

Sr. no	Biochemical parameter	Healthy (%)	Infected (%)	Per cent reduction over healthy fruits
1	Reducing sugar	4.30	2.80	34.88
2	Non – reducing sugar	8.50	6.82	4.28
3	Total sugar	4.20	4.02	19.77
4	Phenol content	0.60	0.35	41.67
5	Titrable acidity	0.35	0.22	37.14

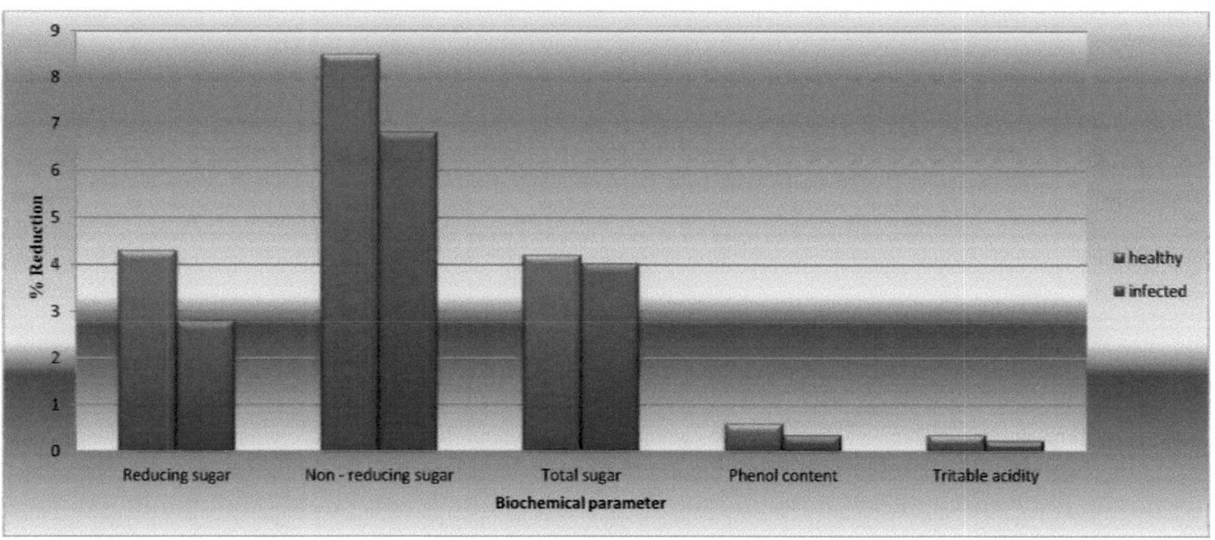

Fig. 4.3: Effect on different biochemical parameters of mango due to stem end rot disease

63

4.5 Gestão ecológica da podridão peduncular da manga

Recentemente, foram envidados esforços no sentido de aumentar o tempo de conservação e a qualidade dos frutos, pois este é o principal desafio enfrentado pelos produtores de manga. A utilização de fungicidas sintéticos é perigosa para o ambiente, afecta a saúde dos consumidores e, devido à utilização contínua de fungicidas, os agentes patogénicos desenvolveram resistência aos mesmos. Foram desenvolvidos muitos tratamentos e tecnologias pós-colheita, como a armazenagem a frio, o tratamento PGR e a armazenagem CA, que melhoram o prazo de validade e mantêm as qualidades pós-colheita dos frutos (Pandya *et. al* 2017). Mas os agricultores pobres não são capazes de pagar e aceder a estas tecnologias avançadas, o que constitui um grande problema nos países em desenvolvimento.

Atualmente, os extractos de plantas têm sido considerados porque não são tóxicos, são seguros para os seres humanos e para o ambiente, têm atividade antifúngica e estão facilmente disponíveis, são baratos e são considerados a melhor alternativa para a gestão de doenças pós-colheita (Obagwu e Korsten, 2003).

No ano de 2020, foi realizada uma experiência no Centro de excelência em tecnologia pós-colheita, NAU, Navsari, para estudar o efeito do método ecológico de embalar os frutos com uma camada de folhas na doença da podridão da extremidade do caule da manga e o efeito no prazo de validade da manga. Entre os diferentes tratamentos, os frutos tratados com folhas de nim apresentam uma incidência mínima da doença (39,23%), seguidos de folhas de lantana (43,07%), que está ao mesmo nível que as folhas de rícino (45,00%), em comparação com o controlo (63,43%). Verificou-se que o prazo de validade é mais elevado nos frutos cobertos com folhas de nim (13,33 dias), seguido de folhas de lantana (12,33 dias), em comparação com o controlo (7 dias), a par das folhas de baqueta (7,33 dias), (Quadro 4.5)

A eficácia de diferentes produtos botânicos contra a podridão peduncular foi estudada aqui em consonância com a eficácia dos produtos botânicos contra diferentes doenças pós-colheita estudadas por Tandel (2017), que revelou que os frutos tratados com extrato de folhas de nim (10%) apresentaram uma redução significativa (88,30%) na incidência da doença da podridão peduncular da manga. Os frutos tratados com extrato de folhas de nim apresentaram um tempo de conservação mais elevado (11,17 dias), a par do tratamento com água quente a 52°C durante 10 minutos (10,66 dias), em comparação com o controlo (7,00 dias). Shrestha *et.al* (2018) verificaram que os frutos tratados com extrato de folhas de nim tinham um período de conservação de 9 dias, o mais longo de todos os outros produtos botânicos. Suresh *et al.* (2016) registaram que o extrato de folhas de nim inibiu o agente patogénico em 8,15%.

Foto 4.13: Frutos de manga mantidos em diferentes folhas botânicas numa caixa de cartão e cobertos com uma camada de folhas sobre os frutos

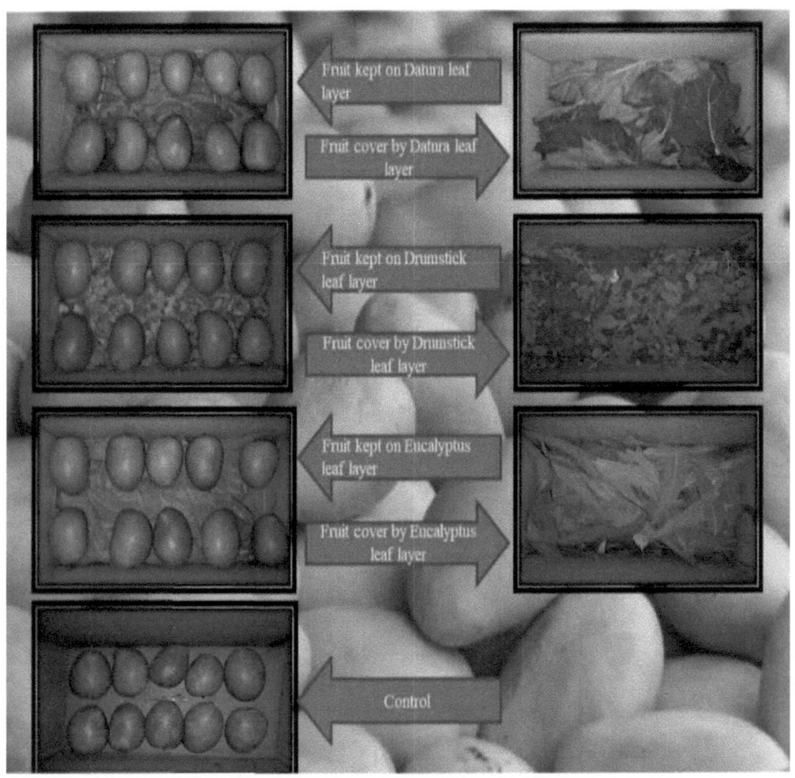

Foto 4.14: Frutos de mangueira mantidos em diferentes folhas botânicas numa caixa de cartão e cobertos com uma camada de folhas sobre os frutos e o controlo.

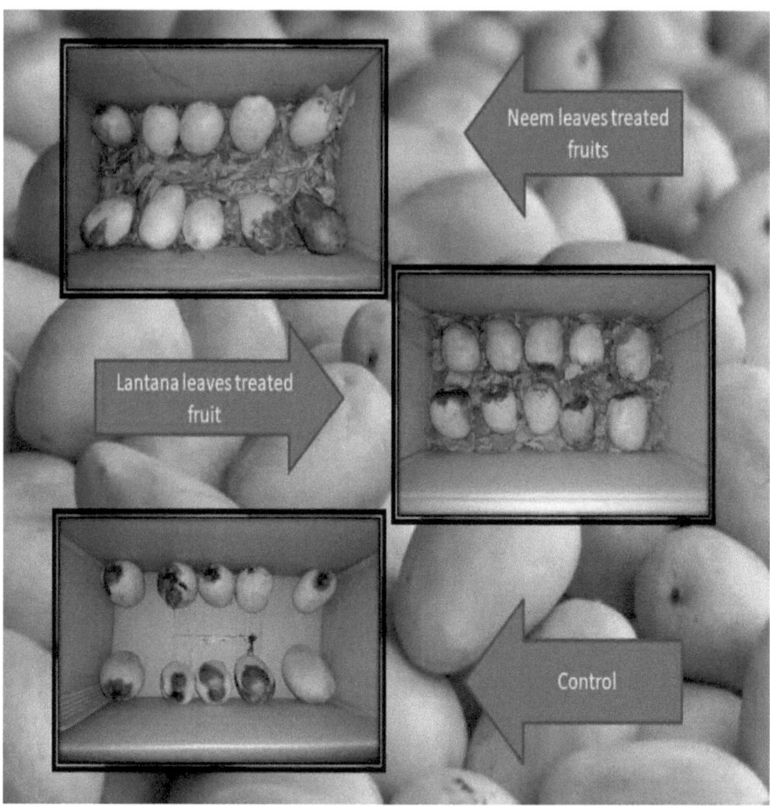

Foto 4.15: Produtos botânicos eficazes contra a podridão terminal do caule da mangueira

Quadro 4.5: Gestão ecológica da doença SER da manga cv. Kesar

Sr.no	Treatment	Plant part	PDI (%)	Reduction in incidence (%)	Shelf life (days)
1	T_1	Leaves	(40.00) 39.23	(60.00) 60.76	13.33
2	T_2	Leaves	(46.67) 43.07	(53.33) 56.92	12.33
3	T_3	Leaves	(63.33) 52.77	(36.67) 47.22	9.33
4	T_4	Leaves	(50.00) 45.00	(50.00) 55.00	10.33
5	T_5	Leaves	(60.00) 50.76	(40.00) 49.23	9.66
6	T_6	Leaves	(73.33) 59.00	(26.67) 40.99	7.33
7	T_7	Leaves	(70.00) 56.78	(30.00) 43.21	8.00
8	T8	-	(80.00) 63.43	(20.00) 36.56	7.00
	SEm±		1.26		0.29
	CD (%)		3.76		0.86
	CV (0.05%)		4.24		5.17

***Figures in parenthesis are original value and outside are arcsine transformation value.**

T1= Neem	T5= Datura
T2= Lantana	T6= Drumstick
T3= Marigold	T7= Eucalyptus
T4= Castor	T8= Control

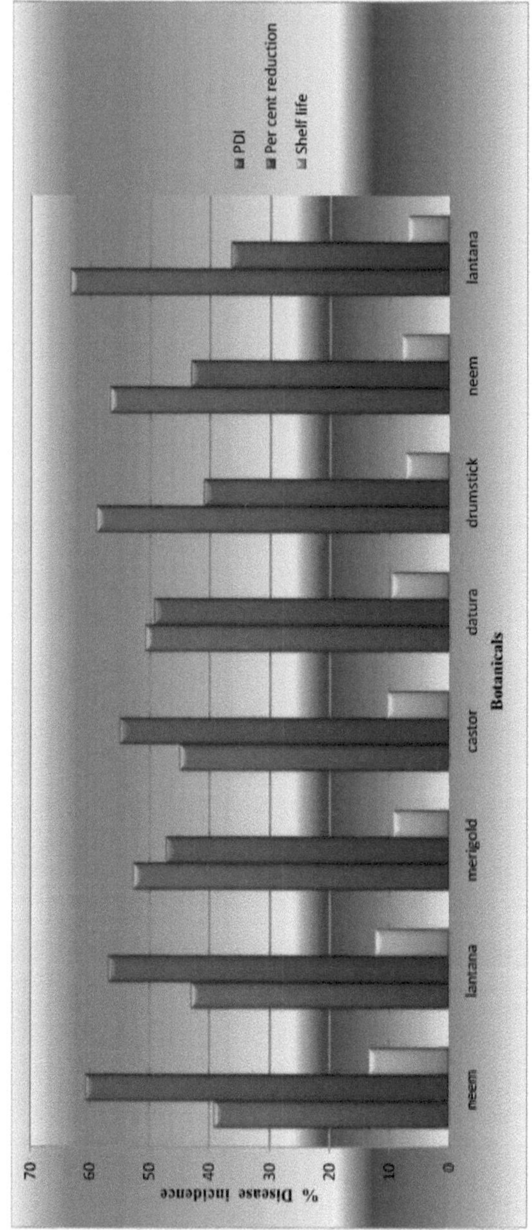

Fig. 4.4: Eco friendly management of SER disease of mango cv. Kesar

70

CAPÍTULO 5 : RESUMO E CONCLUSÕES

A presente investigação sobre Prevalência, avaliação de perdas e gestão da doença da podridão da extremidade do caule da manga *(M. indica* L.) foi realizada no Departamento de Fitopatologia, N. M. College of Agriculture, Navsari Agricultural University, Navsari (Gujarat) durante o ano de 2020-2021. Os resultados obtidos foram apresentados no capítulo anterior no. IV e são resumidos e concluídos neste capítulo.

5.1 RESUMO

A manga é suscetível a várias doenças pós-colheita em todas as fases do seu desenvolvimento, desde a fase de plântula até ao fruto. Entre elas, a podridão peduncular é uma das principais doenças pós-colheita da manga e, atualmente, a incidência da podridão peduncular aumenta devido ao aquecimento global, que exige temperaturas mais elevadas para o seu crescimento. A podridão peduncular da manga não só causa perdas e reduções substanciais na produção de manga, como também reduz a qualidade dos frutos da manga e a aceitabilidade do consumidor, além de causar perdas económicas. Para evitar perdas pós-colheita, o manuseamento dos frutos é o passo mais importante. O estudo da podridão peduncular e a sua prevenção no canal de comercialização contribuem significativamente para aumentar a produção de frutos como alternativa, reduzindo as perdas pós-colheita. Foi feito um esforço para identificar o agente patogénico responsável pela doença e aplicar um método sustentável de manuseamento dos frutos para evitar perdas pós-colheita devidas à podridão peduncular e para descobrir uma tática de gestão adequada para minimizar as perdas causadas pela podridão peduncular.

O fungo causador da podridão do caule produz uma podridão escura a partir da extremidade do caule à medida que os frutos amadurecem após a colheita. A podridão castanha escura a preta começa na extremidade do caule como podridão castanha escura e prossegue para a outra extremidade. A podridão produz estrias escuras nos tecidos condutores de água (este sintoma distingue a podridão da extremidade do caule da antracnose).

5.1.1 Estudo da podridão da extremidade do caule a nível do mercado

Durante o inquérito, foram recolhidas amostras de frutos verdes de kesar em vários mercados do distrito de Navsari. A perda média causada pela doença do apodrecimento do caule foi registada em 22,81% e a incidência do apodrecimento do caule foi mais elevada no mercado APMC, Chikhli, com 28,12%.

5.1.2 Isolamento, identificação, confirmação e caraterização da doença da extremidade do caule da manga

Foram recolhidas amostras de manga de vários mercados, separadas e levadas para o laboratório para isolamento. Nos frutos infectados com podridão da extremidade do caule, observaram-se colónias de cor cinzenta a preta, com picnídios pretos e esporos castanhos escuros bicelulares de paredes espessas. A cultura fúngica obtida a partir dos respectivos sintomas da doença foi inoculada em frutos de manga saudáveis através do método de lesão por broca de cortiça. Os fungos inoculados produziram sintomas semelhantes e o postulado de Koch foi comprovado através do reisolamento dos mesmos fungos. Assim, o organismo causal do apodrecimento da extremidade do caule no âmbito da presente investigação foi confirmado como *B. theobromae.*

5.1.3 Efeito do tratamento pré-colheita com KCl no desenvolvimento da doença da podridão da extremidade do caule da manga

Como parte do estudo para conhecer o efeito do tratamento pré-colheita com KCl no desenvolvimento da doença da podridão da extremidade do caule, foram pulverizadas diferentes concentrações de KCl (gl^{-1}) em frutos de manga quando estavam no tamanho de ovo, ensacados e colhidos após três meses e observou-se que os frutos tratados com 2,0 gl^{-1} KCl reduziram a incidência até 71,22 por cento e 56,92 por cento em 0,5 gl^{-1} KCl. 1 gl^{-1} KCl foi menos eficaz do que as restantes concentrações e a incidência da doença foi a mesma nos frutos tratados com 1 gl^{-1} KCl e nos frutos de controlo (controlo II) e a redução da incidência foi registada em 31,14%.

5.1.4 Alterações bioquímicas devidas à podridão peduncular da manga

Como parte do estudo para explorar a possível estratégia para aumentar o prazo de validade dos frutos de manga e a reação resistente contra o agente patogénico *B. theobromae*, causador da podridão do tronco, foram também estudadas as alterações bioquímicas produzidas durante o desenvolvimento da doença da podridão do tronco nos frutos de manga. Os parâmetros bioquímicos importantes dos frutos de manga, como o açúcar redutor, o açúcar não redutor, o açúcar total, o teor de fenol e a acidez titulável, foram analisados nos frutos afectados por *B. theobromae.*

O teor de açúcar redutor dos frutos de manga infectados com a podridão da extremidade do caule passou de 4,30% para 2,80% e verificou-se que o açúcar redutor foi reduzido em 34,88% devido a *B. theobromae. O* teor de açúcar não redutor dos frutos de manga infectados com a podridão da extremidade do caule passou de 8,50% para 6,82% e o açúcar não redutor foi reduzido em 4,28% devido a *B.theobromae.* A alteração no teor de açúcar total da variedade kesar foi notada de 4,20% para 4,02%. A redução percentual do açúcar total devido a *B. theobromae* foi registada em 19,77%.

A alteração no teor de fenol foi observada quando os frutos foram infectados com a doença da podridão da extremidade do caule em comparação com frutos saudáveis. A alteração no teor de fenol foi de 0,60 por cento para 0,35 por cento e verificou-se que o teor de fenol foi reduzido em 41,67 por cento devido a *B. theobromae.* A acidez titulável dos frutos infectados também diminuiu em comparação com os frutos saudáveis e observou-se uma alteração de 0,35% para 0,22% e a acidez titulável foi reduzida em 37,14% devido a *B. theobromae.*

A redução percentual no parâmetro bioquímico na variedade kesar devido à podridão da extremidade do caule foi maior no teor de fenol (41,67%), seguida pela acidez titulável (37,14%), enquanto uma redução menor foi observada no açúcar não redutor (4,28%).

5.1.5 Gestão ecológica da podridão peduncular da manga

Os estudos sobre a gestão ecológica da doença da podridão da extremidade do caule da manga Cv. Kesar através da utilização de produtos botânicos revelaram que os frutos tratados com folhas de nim apresentam uma incidência mínima (39,23 %), seguidos de frutos tratados com folhas de lantana (43,07 %) e a incidência máxima foi observada no controlo (63,43 %). O período de conservação foi significativamente mais elevado (13,33 dias) nos frutos tratados com folhas de nim, seguido de folhas de lantana (12,33 dias), em comparação com o controlo (7,00 dias).

5.2 CONCLUSÕES

Durante o estudo, verificou-se que a podridão peduncular era 100% prevalecente em todos os mercados do distrito de Navsari e a perda média registada foi de 22,81%. *B. theobromae* é o agente comum responsável pela podridão do caule da manga e também reduziu os parâmetros bioquímicos, entre os quais a redução do teor de fenol foi mais elevada (41,67%). No entanto, os estudos acima referidos demonstraram que diferentes métodos de gestão, *nomeadamente a* aplicação de 2,0 $_{gl^{-1}}$ KCL antes da colheita, mostram uma redução máxima da incidência da podridão peduncular e, entre os botânicos, os frutos embalados com folhas de nim mostram uma incidência mínima (39,23%) e um período de conservação (13,33 dias) nos frutos embalados com folhas de nim.

REFERÊNCIAS

Alam, M. W.; Rehman, A.; Sahi, S. T. e Malik, A. U. (2017). Exploração de produtos naturais como uma estratégia alternativa para controlar a doença da podridão da extremidade do caule da manga no Paquistão. *Pak. J. Agric. Sci.,* **54**(2): 503-511.

Al-Najada, A. R. (2018). Isolamento e caraterização de espécies de fungos pós-colheita e avaliação da patogenicidade de frutas estragadas vendidas no mercado da Arábia Saudita. *IJSR,* **8** (12).

Alves, A.; Crous, P. W.; Correia, A. e Phillips, A. J. L. (2008). Dados morfológicos e moleculares revelam especiação críptica em *Lasiodiplodia theobromae.* Fungal Diversity, **28**: 1-13.

Anónimo (2013). Post-harvest profile of mango, direção de comercialização e inspeção, Nagpur.

Anónimo (2018). Estatísticas da horticultura num relance. (http://nhb.gov.in/Statistics.aspx)

Arauz, L. F.; Wang, A.; Duran, J. A. e Monterrey, M. (1994). Causas de perdas pós-colheita de manga a nível grossista na Costa Rica, Espanha. *Agronomia Costarricens,* **18**(1):47- 51.

Arya, A. (1993). Tropical fruits - diseases and pests, Kalyani publishers, New Delhi.

Bray, H. G. e Thorpe, W. V. (1954). Análise de compostos fenólicos de interesse no metabolismo. Biochemical analysis, **1**: 27-52.

Chauhan, H. L. e Joshi, H. U. (1990). Avaliação de fitoextratos para o controlo da antracnose da manga. *Proc. Nat. Symp:* 455-459

Dambhla, D. S. (2001). Estudos sobre a doença da morte da rosa *(Rosa hybrida)* nas condições do Sul de Gujarat. *Tese de Mestrado (Agri.).* Universidade Agrícola de Gujarat, Sardarkrushinagar.

Deng Zemin; HU Meijiao; Bai Juxian e Yang Fengzhen (2002). Preliminary study on the pathogen of mango stem end rot disease in Hainan province, *South china fruits,* **31**(4): 39-41.

Diedhiou, P. M.; Mbaye, N.; Drame, A. e Samb, P. I. (2007). Alteração das doenças pós-colheita da manga *(Mangifera indica* L.) através de práticas de produção e factores climáticos. *Afr. J. Biotechnol.,* **6**(9): 1087-1094.

Dodd, J. C.; Prusky, D. e Jeffries, P. (1997). Doenças dos frutos: Litz, R. E.(ed.) the mango: botany, production and uses. CAB International, Reino Unido. pp. 257-280.

Dukare, A.; Kumar, S.; Jangra, R. K.; Bhushan, B.; Jalgaonkar, K.; Meena, V. S. e Bhushan, B. (2019). Patogenicidade cruzada de *Botryodiplodia theobromae,* um isolado original de frutos de goiaba nas diferentes cultivares de manga. *IJCS,* **7**(2): 450-454.

Ekanayake, G.; Abeywickrama, K.; Daranagama, A. e Kannangara, S. (2019). Caracterização morfológica e identificação molecular de espécies fúngicas associadas à podridão da extremidade do caule isoladas de frutos de manga 'Karutha Colomban' no Sri Lanka. *J. Agric.Sci.,* **14**(2): 120-128.

Elliott, S. e Patterson, A. (2000). Avaliação de fungicidas seleccionados contra a antracnose da manga *(Colletotrichum gloeosporioides~). Trop. Fruit. Nswl,* **35**: 9-11.

FAOSTAT (2017). Principais países produtores de manga no mundo. retrieved from https://www.worldatlas.com/articles/top-mango-producing-scountries-in-the-world.html.

Fatima, S. e Khot, Y. C. (2017). Isolamento de fungos pós-colheita de frutos de manga (*Mangifera indica* L.). Epitome: *Int. j.Multidiscip Res.,* **3**(5).

Freire, M. G. M.; Souza, C. L. M.; Portal, T. P.; Machado, R. M. A. e Santos, P. H. D. (2013). Efeito do óleo de mamona sobre patógeno fúngico pós-colheita do coco: *Lasiodiplodia theobromae. J Plant Physiol,* 1:3.

Galsurker, O.; Diskin, S.; Maurer, D.; Feygenberg, O. e Alkan, N. (2018). Podridão da extremidade do caule da fruta. *Hortic.,* **4**(4): 50.

Gupta, N. e Jain, S. K. (2012). Storage behaviour of mango as affected by post-harvest application of plant extracts and storage conditions (Comportamento de armazenamento da manga afetado pela aplicação pós-colheita de extractos de plantas e condições de armazenamento). *J. foodsci. technol.*, **51**(10): 24992507.

Ghosh, A. K., Bhargava, S. N., & Tandan, R. N. (1966). Estudos sobre doenças fúngicas de alguns frutos tropicais: Alterações pós-infeção no teor de ácido ascórbico em manga e papaia. Indian Phytopathology, 21, 262-268.

Haggag W. M. (2010). Doenças da manga no Egipto. *ABJNA,* **1**(3): 285-289.

Hamd, M.; Shazia, I.; Iftikhar, A.; Fateh, F. S. e Kazmi, M. R. (2013). Identificação e caraterização de patógenos fúngicos pós-colheita de manga dos mercados domésticos de Punjab. *Int. J. Agron. Plant Pro.,* **4**(4): 650-658.

Hasabnis, S. N. e D'Souza, T. F. (1987). Utilização de produtos vegetais naturais no controlo da podridão de armazenamento em frutos de manga alphanso. *J. Maha. Agril. Univ.,* **12**:105-106.

Honger, J. O.; William, C. E.; Owusu-Ansah, D.; Siaw-Adane, K. e Odamtten, G. T. (2015). Patogenicidade e sensibilidade a fungicidas do agente causal da doença da podridão final do caule pós-colheita da manga no Gana. *Gha. J.Agric. Sci.,* **49**(1): 37-52.

Hui-Fang, N. I.; Hong-Ren, Y. A. N. G.; Ruey-Shyang, C. H. E. N.; Ruey-Fen, L. I. O. A. e Ting-Hsuan, H. U. N. G. (2012). Nova podridão de frutas botryosphaeriaceae de manga em Taiwan: identificação e patogenicidade. *Bot. Stud.,* **53**(4): 467-478.

Imtiaj, A.; Rahman, S. A.; Alam, S.; Parvin, R.; Farhana, K. M.; Kim, S. B. e Lee, T. S. (2005). Efeito de fungicidas e extractos de plantas na germinação conidial de *Colletotrichum gloeosporioides* que causa a antracnose da manga. *Mycobiology,* **33**(4): 200205.

Iram, S.; Rasool, A. e Iftikhar, A. (2014). Comparação da incidência, prevalência e gravidade de doenças fúngicas pós-colheita em pomares de gestão integrada melhorada do Paquistão e blocos de práticas convencionais. *Int. J. Sci. Eng. Res.,* **5**(10): 1274-1284.

Ismail, A. M.; Cirvilleri, G.; Polizzi, G.; Crous, P. W.; Groenewald, J. Z. e Lombard, L. (2012). Lasiodiplodia species associated with dieback disease of mango (*Mangifera indica* L.) in Egypt. *Australas. Plant Patholo.*, **41**(6): 649-660.

Jacobs, K. A. e Rehner, S. A. (1998). Comparação de caracteres culturais e morfológicos e sequências ITS em anamorfos de Botryosphaeria e taxa relacionados. *Mycologia,* **90**(4): 601-610.

Jadeja, K. B. e Vaishnav, M. U. (2000). Doenças pós-colheita da podridão dos frutos na manga Cv. Kesar. *Indian Phytopathol*, **53**(4): 492.

Jadeja, K. B. e Vaishnav, M. U. (2000). Triagem de cultivares de manga para podridão de frutos pós-colheita e alterações bioquímicas durante a decomposição. *Gujarat Agric. Uni. Res. J.,* **25**(2): 98-100.

Jain, J. P. e Pathak, V. N. (1970). Atividade antifúngica em extractos de folhas de certas plantas. *Labdev J. Sci. Technol.,* **(1)**:58.

Jayaraman, J. (1981). Laboratory manual in biochemistry. Delhi: Wiley Eastern. (pp. 271-272).

Johnson, G. I. (2008). Situação da I&D no domínio da gestão das doenças pós-colheita da manga: opções e soluções para a indústria australiana da manga. *Hortic.* **4.**

Johnson, G. I.; Cooke, A. W.; Mead, A. J. e Wells, I. A. (1989). stem end rot of mango in Australia: causes and control. No III *Simpósio Internacional de Manga* **291** (pp. 288-295).

Johnson, G. I.; Mead, A. J.; Cooke, A. W. e Dean, J. R. (1992). Mango stem end rot pathogens-Fruit infection by endophytic colonisation of the inflorescence and pedicel. *Ann. Appl. Biol.,* **120**(2): 225-234.

Kodituwakku, T. D.; Abeywickrama, K. e Karunanayake, K. O. L. C. (2020). Patogenicidade de fungos associados à podridão da extremidade do caule isolados da manga Karthakolomban e seu controle por tratamentos de pulverização e fumigação com óleos essenciais selecionados. *J.Agric. Sci.,* **15**(1): 1936.

Lelliott, R. A. e Stead, D. E. (1987). Métodos para o diagnóstico de doenças bacterianas das plantas. In: *Meth. Patologia Vegetal*, **2**.

Mamatha, T.; Lokesh, S. e Rai, V. R. (2000). Impacto da micoflora das sementes de árvores florestais na qualidade das sementes e na sua gestão. *Seed res.*, **28**(1): 59-67.

Marques, M. W.; Lima, N. B.; De Morais, M. A.; Barbosa, M. A. G.; Souza, B. O.; Michereff, S. J. e Camara, M. P. (2013). Espécies de lasiodiplodia associadas à manga no Brasil. *FungalDiver*, **61**(1): 181-193.

Mascarenhas, P.; Behere, A.; Sharma, A. e Padwal-Desai, S. R. (1996). Deterioração pós-colheita da manga *(Mangifera indica* L.) por *Botryodiplodia theobromae. Mycol. Res.*, **100**(1): 27-30.

Meah, M. B.; Plumbley, R. A. e Jeger, M. J. (1991). Crescimento e infecciosidade de *Botryodiplodia theobromae* que causa a podridão da extremidade do caule da manga. *Mycol. Res.*, **95**(4): 405408.

Munirah, M. S.; Azmi, A. R.; Yong, S. Y. C. e Nur Ain Izzati, M. Z. (2017). Caracterização de *Lasiodiplodia theobromae* e *L. pseudotheobromae* causando podridão de frutas em manga pré-colheita na Malásia. *Plant Pathol Quar.*, **7**(2): 202-213.

Murthy, D. S.; Gajanana, T. M.; Sudha, M. e Dakshinamoorthy, V. (2009). Marketing e perdas pós-colheita em frutas: suas implicações na disponibilidade e na economia. *Ind. J. Agric.Econ.*, **64**(2).

Naznin, H. N.; Nahar, K.; Hossain, M. B. e Hossain, M. M. (2007). Prevalência de importantes doenças pós-colheita da manga. *J. Agrofor. Env.*, **1**(2): 25-29.

Nisansala, Y. M. C.; Jayakody, L. K. R. R.; Sarananda, H. A. e Somaratne, S. (2015). Efeito do tratamento pré-colheita com potássio no desenvolvimento da doença da podridão da extremidade do caule da manga *(Mangifera indica* L.) Cv. TomEJC durante o amadurecimento dos frutos. *Sabaragamuwa Uni. J.*, **14**(2): 119-132.

Obagwu, J. e L. Korsten. 2003. Controlo de bolores verdes e azuis dos citrinos com extractos de alho. *Eur. J. Plant Pathol*, **109**: 221-225.

Oser, B. L. (1979). Química Fisiológica de Hawk XIV Edn. Tata Mc. Graw hill Publication Co. Ltd., Nova Deli.

Pandey, B.; Shrestha, S. e Mishra, B.P. (2017). Manter a qualidade e prolongar a vida pós-colheita do tomate *(Lycopersicon esculentum* Mill.). *Int. J. Res.,* **04** (06).

Patel, G. A. (1989). Estudos sobre a micofisiologia de *Botrydiplodia theobromae* pat. Causador da mangueira (Mangifera *indica* L.) e seu controlo. *Tese de Mestrado (Agri.).* Universidade Agrícola de Gujarat, Sardarkrushinagar.

Patel, K. K. (2006). Estudos sobre a podridão da extremidade do caule de frutos de manga causada por *Botrydiplodia theobromae* Pat. *Tese de Mestrado (Agri.),* Universidade Agrícola de Sardarkrushinagar Dantiwada, Sardarkrushinagar.

Phillips, A. J. L. (2007). *Lasiodiplodia theobromae.* Versão, 2, Centro de recursos microbiológicos, faculdade de ciências e tecnologia, universidade nova de lisboa, Portugal.

Pitt, J. I. e Hocking, A. D. (2009). Fungi and food spoilage. Nova Iorque: Springer. (Vol. 519).

Prabakar, K.; Raguchander, T.; Parthiban, V. K.; Muthulakshmi, P. e Prakasam, V. (2005). Deterioração fúngica pós-colheita em manga em diferentes níveis de comercialização. *Madras Agric. J.,* **92**(1-3): 42-48.

Prasad, S. S., & Sinha, A. K. (1983). DEPLEÇÃO DE ÁCIDO ASCÓRBICO EM FRUTOS DE MANGA SAUDÁVEIS E DOENTES. ACADEMIA NACIONAL DE CIÊNCIAS, ÍNDIA, 219.

Prusky, D. (1996). Quiescência do agente patogénico na doença pós-colheita. *Annu. Rev. phytopathol.,* **34**(1): 431-434.

Punithalingam, E. (1976). *Botryodiplodia theobromae.* CMI Descriptions of pathogenic fungi and bacteria, No. 519. CommonwealthMycological Institute, Kew, 2 p.

Rahman, M. M.; Absar, N. e Ahsan, M. A. (2011). Correlação do teor de hidratos de carbono com as alterações na atividade da amilase, invertase e galactosidase da polpa de manga madura durante o armazenamento a diferentes temperaturas. *Bangladesh J. Sci. Ind. Res.,* **46**(4): 443-446.

Rajmane, S. D. e Korekar, S. L. (2016). Alterações no teor de vitamina C de diferentes variedades de manga e mamão devido a fungos pós-colheita (MS) Índia. *Int. J. Sci. Res. Pub., 6* (8): 175-177.

Rajmane, S. D. e Korekar, S. L. (2014). Alterações bioquímicas (açúcar redutor) em diferentes variedades de manga e mamão devido a fungos pós-colheita. (MS) Índia. *Int. J. Sci. Res. Pub.,* **4**: 1-3.

Rathod, G. M. (2010). Levantamento de doenças fúngicas pós-colheita de alguns frutos das regiões marathwada de Maharashtra, Índia. *J.Ecobiotechnol., 2* (6): 07-10.

Reddy, S. M., & Laxminarayana, P. (1984). Alterações pós-infeção no conteúdo de ácido ascórbico de manga e amla causadas por dois fungos da podridão dos frutos [Mangifera indica, Phyllanthus emblica Linn.] Ciência atual.

Sabalpara, A. N. (1983). Investigação sobre a doença do galho e da morte da manga por *Botrydiplodia theobromae* pat. *Tese de Mestrado (Agri.).* Universidade Agrícola de Gujarat, Sardarkrushinagar.

Saeed, E. E.; Sham, A.; AbuZarqa, A. A. Al.; Shurafa, K. S Al.; Naqbi, T.; Iratni, R. e AbuQamar, S. (2017). Deteção e gestão da doença da morte da manga nos Emirados Árabes Unidos. *Int. J. Mol Sci.,* **18**(10), 20-86.

Sahi, S. T.; Habib, A.; Ghazanfar, M. U. e Badar, A. (2012). Avaliação in vitro de diferentes fungicidas e extractos de plantas contra *Botryodiplodia theobromae,* o agente causal do declínio rápido da manga. *Pakistan J. Phytopathol,* **24**(2): 137-142.

Savita, C.; Benagi, V. I. e Addangadi, K. C. (2018). Status das doenças pós-colheita da manga no norte de Karnataka. *Int. J. Agric. Sci.,* **14**(1): 207-210.

Sharma, V. (2014). Estudos sobre a prevalência e o manejo sustentável de doenças fúngicas pós-colheita de frutos de manga *(Mangifera indica* L.) em Western UP.

Int. J. Theo. Appli. Sci., **6**(1): 148.

Shrestha, S., Pandey, B. e Mishra, B. P. (2018). Efeitos de diferentes extractos de folhas de plantas na vida pós-colheita e na qualidade da manga. *Int. J. Environ. Agric. Biotech.,* **3**(2): 239082.

Srivastava, M. P., & Tandon, R. N. (1966). Effect of Botryodiplodia infection on the vitamin C content of mango fruit. Current Science, 35(8), 419-419Singh, H. N. P., Prasad, M. M. e Sinha, K. K. (1993). Eficácia dos extractos de folhas de algumas plantas medicinais contra o desenvolvimento de doenças na banana. *Lett. Appl. Microbiol.,* **17**(6): 269-271.

Singh, N. I., Dhuique-mayer, C. e Lozano, Y. V. E. S. (2000). Alterações físico-químicas durante a liquefação enzimática da polpa de manga (Cv. Keitt). *J. food process. Prestem end rotv.* **24**(1): 73-85.

Srivastava, M. P. (1969). Alterações bioquímicas em certos frutos tropicais durante a patogénese 1. *J.Phytopathol.,* **64**(2): 119-123.

Suresh, V., Sagar, B. V., Varma, P. K., Sumalatha, N. e Prasad, M. R. (2016). Avaliação in vitro de certos fungicidas, botânicos e agentes de controlo biológico contra *Lasiodiplodia theobromae. Res. J. Agric. Sci.,* **7**(4/5): 747-750.

Syed, R. N.; Mansha, N.; Khaskheli, M. A.; Khanzada, M. A. e Lodhi, A. M. (2014). Controlo químico da podridão da extremidade do caule da manga causada por *Lasiodiplodia theobromae. Pakistan J. Phytopathol*, **26**(2): 201-206.

Tandel, D. H. (2017). Prevalência, avaliação de perdas e gestão de doenças fúngicas pós-colheita da manga *(Mangifera indica* L.). *Tese de doutoramento,* Universidade Agrícola de Navsari, Navsari.

Tandel, D. H.; Solanki, V. A,; Patel, R. C., e Pandya, J. R. (2017). Teor de açúcar da manga influenciado por patógenos fúngicos pós-colheita. *Trends Biosci,* **10**(15): 2673-2675.

Ullah, S. F.; Hussain, Y. e Iram, S. (2017). Caracterização patogénica de Lasiodiplodia que causa a podridão da extremidade do caule da manga e o seu controlo utilizando botânicos. *Pakistan J. Bot.,* **49**(4): 1605-1613.

Waller, J. M.; Lenne, J. M. e Waller, S. J. (2002). Deteção e isolamento de agentes patogénicos fúngicos e bacterianos. Plant pathologist's pocketbook, **3**: 208-215.

I want morebooks!

Buy your books fast and straightforward online - at one of world's fastest growing online book stores! Environmentally sound due to Print-on-Demand technologies.

Buy your books online at
www.morebooks.shop

Compre os seus livros mais rápido e diretamente na internet, em uma das livrarias on-line com o maior crescimento no mundo! Produção que protege o meio ambiente através das tecnologias de impressão sob demanda.

Compre os seus livros on-line em
www.morebooks.shop

MIX
Papier aus verantwortungsvollen Quellen
Paper from responsible sources
FSC® C105338
FSC
www.fsc.org